院士解锁中国科技

石油、天然气卷

金之钧 主笔

藏起来的"能源之王"

中国编辑学会 中国科普作家协会 主编

中国少年儿童新闻出版总社
中国少年儿童出版社
北京

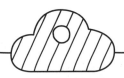

图书在版编目（CIP）数据

藏起来的"能源之王" / 金之钧主笔. — 北京：
中国少年儿童出版社，2023.1（2023.2重印）
（院士解锁中国科技）
ISBN 978-7-5148-7848-6

Ⅰ. ①藏… Ⅱ. ①金… Ⅲ. ①石油工程－中国－少儿
读物②天然气工程－中国－少儿读物 Ⅳ. ①TE-49

中国版本图书馆CIP数据核字(2022)第240404号

CANGQILAI DE NENGYUAN ZHI WANG
（院士解锁中国科技）

出版发行：中国少年儿童新闻出版总社
中国少年儿童出版社

出 版 人：孙 柱
执行出版人：吴峥岚

责任编辑：秦 静 李 源 祝 薇	封面设计：许文会
美术编辑：陈亚南	版式设计：施元春
责任校对：刘 颖	形象设计：冯衍妍
插　　图：牟悠然 木星插画	责任印务：李 洋

社　　址：北京市朝阳区建国门外大街丙12号	邮政编码：100022
编 辑 部：010-57526671	总 编 室：010-57526070
客 服 部：010-57526258	官方网址：www.ccppg.cn

印刷：北京利丰雅高长城印刷有限公司

开本：720mm×1000mm 1/16	印张：9.25
版次：2023年1月第1版	印次：2023年2月北京第2次印刷
字数：200千字	印数：10001－60000册

ISBN 978-7-5148-7848-6　　　　　　　　　　定价：45.00元

图书出版质量投诉电话：010-57526069，电子邮箱：cbzlts@ccppg.com.cn

"院士解锁中国科技"丛书编委会

总顾问
邬书林　杜祥琬

主　任
郝振省　周忠和

副主任
孙　柱　胡国臣

委　员
（按姓氏笔画排列）

王　浩　王会军　毛景文　尹传红

邓文中　匡廷云　朱永官　向锦武

刘加平　刘吉臻　孙凝晖　张彦仲

张晓楠　陈　玲　陈受宜　金　涌

金之钧　房建成　栾恩杰　高　福

韩雅芳　傅廷栋　潘复生

本书创作团队

主 笔
金之钧

创作团队
（按姓氏笔画排列）

丁　茜　王　璐　王晓峰　刘全有

刘国平　刘佳宜　李朋朋　李昌荣

苏海琨　张　谦　张　瑞　张盼盼

张浩哲　聂海宽　黄晓伟　魏　韧

"院士解锁中国科技"丛书编辑团队

项目组组长
缪　惟　郑立新

专项组组长
胡纯琦　顾海宏

文稿审读
何强伟　陈　博　李　橦　李晓平　王仁芳　王志宏

美术监理
许文会　高　煜　徐经纬　施元春

丛书编辑
（按姓氏笔画排列）

于歆洋	万　颐	马　欣	王　燕	王仁芳	王志宏	王富宾	尹　丽	叶　丹	包萧红
冯衍妍	朱　曦	朱国兴	朱莉荟	任　伟	邬彩文	刘　浩	许文会	孙　彦	孙美玲
李　伟	李　华	李　萌	李　源	李　橦	李心泊	李晓平	李海艳	李慧远	杨　靓
余　晋	张　颖	张颖芳	陈亚南	金银銮	柯　超	施元春	祝　薇	秦　静	顾海宏
徐经纬	徐懿如	殷　亮	高　煜	曹　靓	韩春艳				

前　言

　　"院士解锁中国科技"丛书是一套由院士牵头创作的少儿科普图书，每卷均由一位或几位中国科学院、中国工程院的院士主笔，每位都是各自领域的佼佼者、领军人物。这么多院士济济一堂，亲力亲为，为少年儿童科普作品担纲写作，确为中国科普界、出版界罕见的盛举！

　　参与这套丛书领衔主笔的诸位院士表达了让人不能不感动的一个心愿：要通过撰写这套科普图书，把它作为科技强国的种子，播撒到广大少年儿童的心田，希望他们成长为伟大祖国相关科学领域的、继往开来的、一代又一代的科学家与工程技术专家。

　　主持编写这套丛书的中国少年儿童新闻出版总社是很有眼光、很有魄力的。在这些年我国少儿科普主题图书出版已经很有成绩、很有积累的基础上，他们策划设计了这套集约化、规模化地介绍推广我国顶级高端、原创性、引领性科技成果的大型科普丛书，践行了习近平总书记关于"科技创新、科学普及是实现创新发展的两翼，要把科学普及放在与科技创新同等重要的位置"的重要思想，贯彻了党的二十大关于"教育强国、科技强国、人才强国"的战略要求，将全民阅读与科学普及相结合，用心良苦，投入显著，其作用和价值都让人充满信心。

　　这套丛书不仅内容高端、前瞻，而且在图文编排上注意了从问题入手和兴趣导向，以生动的语言讲述了相关领域的科普知识，充分照顾到了少年儿童的阅读心理特征，向少年儿童呈现我国科技事业的辉煌和亮点，弘扬科学家精神，阐释科技对于国家未来发展的贡献和意义，有力地服务于少年儿童的科学启蒙，激励他们逐梦科技、从我做起的雄心壮志。

院士团队与编辑团队高质量合作也是这套高新科技内容少儿科普图书的亮点之一。中国少年儿童新闻出版总社集全社之力，组织了6个出版中心的50多位文、美编辑参与了这套丛书的编辑工作。编辑团队对文稿设计的匠心独运，对内容编排的逻辑追溯，对文稿加工的科学规范，对图文融合的艺术灵感，都能每每让人拍案叫绝，产生一种"意料之外、情理之中"的获得感。

丛书在编写创作的过程中，专门向一些中小学校的同学收集了调查问卷，得到了很多热心人士的大力帮助，在此，也向他们表示衷心的感谢！

相信并祝福这套大型系列科普图书，成为我国少儿主题出版图书进入新时代中的一个重要的标本，成为院士亲力亲为培养小小科学家、小小工程师的一套呕心沥血的示范作品，成为服务我国广大少年儿童放飞科学梦想、创造民族辉煌的一部传世精品。

郝振省

中国编辑学会会长

前　言

　　科技关乎国运，科普关乎未来。

　　一个国家只有拥有强大的自主创新能力，才能在激烈的国际竞争中把握先机、赢得主动。当今中国比过去任何时候都需要强大的科技创新力量，这离不开科学家创新精神的支撑。加强科普作品创作，持续提升科普作品原创能力，聚焦"四个面向"创作优秀科普作品，是每个科技工作者的责任。

　　科普读物涵盖科学知识、科学方法、科学精神三个方面。"院士解锁中国科技"丛书是一套由众多院士团队专为少年儿童打造的科普读物，站位更高，以为中国科学事业培养未来的"接班人"为出发点，不仅让孩子们了解中国科技发展的重要成果，对科学产生直观的印象，感知"科技兴则民族兴，科技强则国家强"，而且帮助孩子们从中汲取营养，激发创造力与想象力，唤起科学梦想，掌握科学原理，建构科学逻辑，从小立志，赋能成长。

　　这套丛书的创作宗旨紧跟国家科技创新的步伐，遵循"知识性、故事性、趣味性、前沿性"，依托权威专业的院士团队，尊重科学精神，内容细化精确，聚焦中国科学家精神和中国重大科技成就。创作这套丛书的院士团队专业、阵容强大。在创作中，院士团队遵循儿童本位原则，既确保了科学知识内容准确，又充分考虑了少年儿童的理解能力、认知水平和审美需求，深度挖掘科普资源，做到通俗易懂。丛书通过一个个生动的故事，充分体现出中国科学家追求真理、解放思想、勤于思辨的求实精神，是中国科学家将爱国精神与科学精神融为一体的生动写照。

为确保丛书适合少年儿童阅读，院士团队与编辑团队通力合作。在创作过程中，每篇文章都以问题形式导入，用孩子们能够理解的语言进行表达，让晦涩的知识点深入浅出，生动凸显系列重大科技成果背后的中国科学家故事与科学家精神。同时，这套丛书图文并茂，美术作品与文本相辅相成，充分发挥美术作品对科普知识的诠释作用，突出体现美术设计的科学性、童趣性、艺术性。

面对百年未有之大变局，我们要交出一份无愧于新时代的答卷。科学家可以通过科普图书与少年儿童进行交流，实现大手拉小手，培养少年儿童学科学、爱科学的兴趣，弘扬自立自强、不断探索的科学精神，传承攻坚克难的责任担当。少儿科普图书的创作应该潜心打造少年儿童爱看易懂的科普内容，着力少年儿童的科学启蒙，推动青少年科学素养全面提升，成就国家未来创新科技发展的高峰。

衷心期待这套丛书能够获得广大少年儿童朋友们的喜爱。

中国科学院院士
中国科普作家协会理事长

写在前面的话

　　亲爱的同学们，你们好！欢迎走进"院士解锁中国科技"丛书，走进《藏起来的"能源之王"》。

　　乍一听，同学们可能会觉得，石油和天然气跟我们孩子有什么关系呀？

　　打开这本书，你会惊讶地发现，哇！原来我们生活中的衣食住行，都和石油有着那么密切的关系呀。我们身上穿的衣服、肩上背的书包、洗漱用的毛巾牙刷，甚至生病时吃的药……都含有石油的成分。不仅如此，路上跑的汽车、天上飞的飞机、工厂里转的机器……都离不开石油的贡献呢。妈妈天天为我们做饭用的天然气就更不用说了。这下，你知道为什么石油和天然气被称为"能源之王"了吧。

　　但是，你知道吗，"能源之王"藏在地下，要找到它们可不容易！在这本书中，专门研究石油和天然气的叔叔阿姨，将为你揭开"能源之王"的神秘面纱：石油和天然气有哪些用途？它们是如何形成和分布的？科学家和工程师又是怎么找到石油和天然气、如何把它们开采出来的？中国的科学家取得了哪些了不起的科技成就？……希望你能喜欢这一趟发现之旅、探秘之旅。

　　20 世纪之初，我国曾被称为"贫油国"，一代又一代科学家、石油和天然气工作者科学求真，接续奋斗，攻克一道又一道科技难关，在祖国广荛的土地上发现了一个又一个大型石油和天然气田，摘掉了"贫油国"的帽子，把我国变成了世界第五大产油国、第四大产气国，用青春和热血谱写了不朽的新中国石油发展史诗。

同学们，随着社会经济的发展，我们对石油和天然气的消耗量越来越大，怎么能找到更多的石油和天然气？如何对石油和天然气进行绿色开采？怎么提高石油和天然气的利用率？……一系列的科学问题，等待着你们去解答！"能源之王"呼唤着你们，未来需要你们！

在编撰本书过程中，编写团队克服疫情困难，通过大量文献调研、走访经历人等方式，结合编写团队的研究成果，撰写了文字稿和图片说明，力求完整简要地展示石油和天然气的基本特点和我国石油地质学家们的奋斗历程。在文字科普化、情趣化过程中，出版社的同志们字斟句酌，使得书籍更具趣味性，在此表示衷心的感谢！

金之钧

中国科学院院士
石油地质学家

逗逗变变变!

快跟着逗宝，一起去地下石油、天然气世界看看吧!

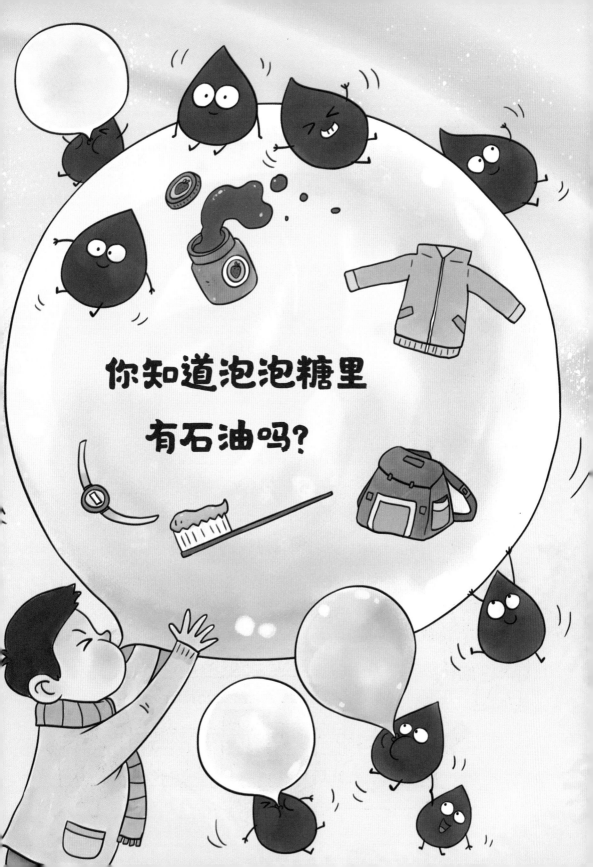

同学们，你们一定吃过泡泡糖吧，可是你们想过没有，泡泡糖为什么嚼不烂呢？它是用什么做成的呢？

简单地说，泡泡糖是由胶状物加入糖和甜味剂制成的。糖和甜味剂决定了泡泡糖的味道，而那些胶状物决定了吃起来的口感。

可是，你们知道吗，泡泡糖里竟然隐藏着石油！泡泡糖之所以嚼不烂，是因为里面的胶状物发挥着作用，而这种胶状物主要由石油的衍生品制作而成。

其实，除了泡泡糖，我们的衣食住行都与石油有着直接或间接的联系。

想象一下：清晨，你闻着馒头、果酱、豆浆等的香气从睡梦中醒来，洗漱，吃饭，然后穿好校服，背起书包，走出家门，坐上爸爸妈妈的小轿车或搭乘公交车，来到了学校。

石油可真是无处不在啊！

让我们盘点一下,在这几十分钟里,石油与你悄悄打了多少个招呼。

◆牙刷、毛巾:想不到吧,石油还与清洁牙齿有关。牙刷的把柄一般由塑料制成,牙刷的刷毛一般由锦纶(旧称尼龙)制成,而制造塑料和锦纶这两种材料,离了石油可万万不行。再联想一下,生活中的塑料制品、锦纶制品是不是很多?比如塑料袋、尼龙袋、尼龙袜……它们都与石油有关呢。

◆果酱:细心的你如果看一看果酱包装上的配料表,可能会发现人工食用香精、色素位列其中,而这些都是从石油中提炼出来的物质。不过你不必担心,它们都经过了改造和严格的质量把控,食用起来很安全。

◆校服、书包:你能想象每天穿着的校服、背着的书包里都有"石油"吗?不要大惊小怪,事实的确如此。校服、书包以及其他一些衣服、鞋帽、箱包中包含的化学纤维,例如:涤纶、锦纶、腈纶、丙纶等,90%以上都是从石油里提炼出来的。除此之外,我们穿戴在身上的"石油"还有很多,鞋子的合成橡胶底、扎辫子的发绳、电子手表的表带等,它们的原料都有石油。

◆汽车:当你坐上小轿车或公交车时,石油不知不觉间又和你打了个招呼。汽车奔跑在公路上,动力的来源是汽油。汽油是石油通过分馏直接得到的。另外,汽车的轮胎、减少磨损用的润滑油也都离不开石油的贡献。

你看,石油就是这样渗透在我们的日常生活中。放眼望去,无论是奔驰在马路上的汽车、穿梭在空中的飞机、工厂里运转的机器,还是我们日常生活中的用品——药品、化妆品、建筑材料……都离不开石油。正因如此,石油就变得非常金贵,被人们称作"工业的血液""黑色的金子"。而石油和天然气加起来,在全球一次能源(指直接取自自然界、没有经过加工或转换的能源)结构中占到将近60%,是不折不扣的"能源之王"。

众所周知,我国是世界上人口最多的国家,石油的消耗量巨大。如何高效地利用好我们现有的石油资源,成为当今科学家们努力解决的问题。

2020 年国家科学技术奖励大会上,国家科学进步奖一等奖中,"复杂原料百万吨级乙烯成套技术研发及工业应用"项目受到了特别关注。什么是乙烯?为什么乙烯的研发和工业应用那么重要,值得这么大一个奖项呢?

小贴士

汽车的发动机决定了它"喝"什么样的油。有的汽车装的是汽油机,有的装的是柴油机。汽油机和柴油机的最大区别是点燃方式。汽油进入汽油机气缸后用电火花点燃,而柴油则是喷入柴油机气缸时,与里面的高温压缩空气相遇,产生自燃。

汽油和柴油不能用错哟,否则机器很快就坏了。汽油机转速高,"喝"汽油的汽车适于公路行驶;柴油机更有劲,"喝"柴油的汽车适于拉重的货物。

汽油

柴油

乙烯是用石油制成的一种工业原料，是合成纤维、合成橡胶、合成塑料、医药、农药等的基本化工原料。乙烯工业是石油化工产业的核心，乙烯产品占石化产品的 75% 以上，在国民经济中占有重要的地位。因此，乙烯产量是衡量一个国家石油化工发展水平的重要标志之一。

乙烯对我国的经济发展起着这么重要的作用，然而在 1983 年时，我国一年只能生产 62 万吨乙烯，技术和装备领域也一片空白，全靠从国外引进，不仅需要支付高额的技术专利费，还需要花费大量的购置费，核心技术受制于人，市场竞争力很弱。

解决这一困局的唯一办法，就是建造我国自己的大型乙烯生产装置，拥有自己的乙烯生产技术。

1983 年, 当时已经 45 岁的袁晴棠老师加入了乙烯技术开发团队, 参与这项国家重点科研开发课题。她和团队下定决心, 一定要搞出中国自己的生产乙烯的技术和装置。团队的目标是: 实现单项技术的突破, 直到成套技术的集成创新, 再到中国乙烯技术的飞跃!

在团队的不懈努力下, 1988 年, 2 万吨 / 年的新型工业试验炉得以建成。试验炉采用自主技术设计、制造, 这是研发乙烯生产装置的一个开端。1990 年 1 月, 袁晴棠团队的设计通过国家鉴定, 主要指标达到世界同类技术水平, 实现了从无到有的跨越, 这意味着我国乙烯技术研发成功迈出了第一步。

作为石油化工专家, 袁晴棠院士长期致力于研究乙烯裂解技术, 主持开发了新型裂解炉技术。这种裂解炉技术, 综合能耗低, 乙烯的回收率高, 污染物排放也少, 突出了绿色高效的特征。这项技术在全国各地开花结果, 成功应用于多地石化公司。

2007 年, 袁院士提出实现大型乙烯国产化的目标, 得到国家大力支持。2010 年, 这个目标

百万吨级的乙烯成套技术首次实验成功啦!

袁晴棠院士

得以实现，各项技术通过国家科技部验收。2013年又实现大步跨越，百万吨级的乙烯成套技术首次实验成功。2020年，中国乙烯产能达3518万吨，是1983年的约57倍，稳居世界第二。

袁院士说："这套技术是两代科技人员通过30多年锲而不舍的奋斗研发成功的。"它让中国的石化工业昂起了龙头，将中国的石化工业推上了世界舞台。

在袁院士看来，作为国民经济支柱产业的石化工业必须不断探索，时刻创新，永远在路上。

乙烯蒸汽裂解装置

该图片由中新图片提供

你知道吗？我国是世界上最早发现、开采、利用石油和天然气的国家之一。早在 3000 多年前，我们的祖先就发现了天然气；2000 多年前，发现了石油。

古人是怎么发现石油和天然气的呢？也像我们现代人一样，把它们从地下开采出来的吗？

不是的。古人最早发现的是从地下跑到地上来的石油和天然气。

在中国最古老的文献之一《易经》中就有"上火下泽""泽中有火"等记载。意思是，古人在湖泊池沼的水面上发现了一片烈火。现在我们知道这其实是天然气在燃烧，但在古人心中水火是不容的，能在水上看到火，这绝对是很神奇的现象。

东汉的班固在《汉书·地理志》中记载："高奴，有洧（wěi）水，可燃。"意思是在洧水（在今天陕西延安一带）水面上有像油一样的东西，可燃烧。这就是石油。

石油可以燃烧，古人有没有把它们用作燃料呢？

虽然古人会把漂浮在水面上的石油收集起来，盛入容器，用以点灯，但是因为提炼技术落后，直接点燃渗出的原油产生的黑烟太大，所以石油很难用于日常生活，并没有作为燃料被广泛使用。

不能用作日常燃料，石油对古人就没有用处了吗？

润滑！

当然不是。

晋朝张华的《博物志》、北魏郦道元的《水经注》中都有把石油用作润滑剂的记载。

北宋科学家沈括在《梦溪笔谈》中记载了石油的另一个用途——制墨。一天，他用火点着石

油，不一会儿就冒出了浓浓的黑烟，连帐幕都被熏成了黑色。沈括望着黑烟，陷入思考。他推测"其烟可用"，于是收集起这些烟试着制墨，经过反复试验，制成的墨"黑光如漆，松墨不及"。这种墨受到了当时文人墨客的喜爱。

沈括还对石油的资源量进行了预测，形容石油"不若松木有时而竭"，他大胆推测"此物后必大行于世"。他的推测在今天已经变为现实，石油被用于我们生活的方方面面，成为不可或缺的资源。

北宋军队装备了一种构造完善的喷火器——猛火油柜。据《武经总要》记载，它以用石油炼制的猛火油为燃料，喷射的烈焰能烧伤敌人和焚毁敌军战具。在那个年代，这真是先进的武器啊。

小贴士

在古代，石油还被称为石漆、石脂、石脂水、石脑油、膏油、可燃水、火油等。900多年前，北宋科学家沈括为它统一命名为"石油"——这个名称一直沿用至今。

石油还被用于医药。明朝医学家李时珍在《本草纲目》中对石油的医疗作用做了详细说明。他认为石油不仅可以治牲畜的疥癣等病,还可以与其他药合用治疗小孩凉热、惊风、呕吐等病症,同时对被刀剑造成的伤口有明显的愈合作用。

没想到吧? 石油在古代竟然有这么多的用途。

小贴士

1878 年,清朝政府在台湾苗栗县钻成了中国的第一口油井,代表着中国近代石油工业的开端。1907 年,中国大陆地区第一口油井延一井在陕西省延长县钻成,获得工业流油。

天然气呢? 它在古代有没有被利用呢?

我国古人对天然气的利用,最早可以追溯到战国时期。

众所周知,秦国的水利专家李冰,在四川主持修建了宏大的水利工程——都江堰,殊不知他与天然气的发现、利用也有着密切的关系呢。

李冰在四川带领人们凿盐井时,意外凿出了一点就着的气体,这些气体源源不断地从地下冒出来。人们把冒着可燃气体的井叫作火井。

从盐井中开采上来的卤水,要经过煮盐工艺才能结晶成盐。煮盐是需要火的,火井里可以燃烧的气体可不可以用来煮盐呢?于是就有了古人在盐井旁利用天然气烧火煮盐的画面。

这样算来,四川自流井气田的开采距今已有 2000 多年的历史了。

自宋代以来,我国已经有一定规模地开发利用天然气了。北宋时期的卓筒井就是比较早的天然气钻井。

卓筒井发明于北宋庆历年间,最初用于手工制盐,是用直立粗大的竹筒吸卤的盐井。这项钻井技术后来被用于开采天然气。

从古代到近代,再到现当代,我国石油天然气工业的发展薪火相传。1905 年,清政府批准陕西省自办延长油矿,中国陆上的第一个石油厂诞生;1907 年,中国陆上第一口工业油井延一井在这里钻成出油。可以说,延长油田是中国石油工业的发源地,见证了中国石油工业百年来从无到有、从小到大的发展历程。这里也是中华人民共和国首任总地质师、石油地质学家李德生院士奋斗过的地方。

1951 年,年轻的李德生老师被任命为延长油矿总地质师兼地质室主任,负责对当地的石油地质情况进行普查。为了解决延长油田"井井见油,井井不流"的难题,他和同事们用毛驴驮着测量设备,踏遍了延长的 2000 多条山沟,一路整理和绘制出大量的勘测资

小贴士

中国卓筒井的钻井技术比西方早 800 多年,与火药、造纸、印刷术、指南针一样对人类做出了重要的贡献,被称为"中国古代第五大发明""世界石油钻井之父"。

哇,中国古人好有智慧啊!

料, 撰写出了《陕北三延地区石油地质详查报告》和《陕北地区南—北地层对比报告》, 并总结出了"找油苗, 顺节理, 保持适当井距; 封淡水, 抽咸水, 自上而下开采"的布井原则, 大大地提高了延长油田钻探油藏的成功率, 创造了当时石油产量的新纪录。

李德生院士

李德生院士是大庆油田主要发现开发者之一, 先后获国家自然科学奖一等奖、国家科技进步奖特等奖两项, 陈嘉庚地球科学奖等奖项。

除了找油, 在找气方面, 中国煤成气理论也可谓是天然气勘探领域的一大突破, 戴金星院士就是这一理论的提出者。与一般的天然气不同, 煤成气是一种在地下煤层中产生的气体。1972年, 戴金星在阅读国外文献时发现, 20世纪50年代国外主要以德国为主在研究煤成气, 国内还没有人开始研究。中国是一个"多煤少油"的国家, 他预感到煤成气对中国很重要, 于是决定将煤成气作为自己一生的主攻方向。20世纪70年代后期, 戴金星在中国首先从事

和倡导煤成气研究，开辟了中国煤成气勘探新领域，全面系统研究中国天然气的成因来源，提出了煤成气的富集规律，明确了中国大中型气田形成条件和控制因素，从而为中国第一大气田——长庆气田的发现提供了科学依据和预测。在此之前，我国油气工作者还没有认识到煤层中也会有天然气的产出，导致天然气的勘探效果比较差；在此之后，越来越多的煤成气被开采出来。

根据戴金星院士统计的数据，2006—2017 年我国产出煤成气 6620.53 亿立方米，这就相当于用煤 16.76 亿吨，二氧化碳少排放了 28.46 亿吨，对改善环境起了重大作用。

如今，李德生院士已经是一位百岁老人，戴金星院士也年近九十，但是两位老先生心里始终牵挂着中国石油工业的发展。同学们，让我们努力学习，长大接过石油工业的接力棒吧！

戴金星院士

同学们，请你们猜猜看，中国的哪座城市可以称得上"富得流油"？

谜底揭晓，这座城市就是新疆维吾尔自治区克拉玛依市。这里有一座黑油山，山上总会咕嘟咕嘟地冒出石油。这可真是名副其实的"富得流油"啊。

石油为什么会冒出来呢？

小贴士

在维吾尔语中，"克拉玛依"的意思是"黑油"。黑油山是一座因地下石油泄漏形成的沥青丘。渗出的石油挥发后剩下的稠液，同沙土凝结堆成黑油山。

原来，石油分布在地下岩石的孔隙中，当地壳发生破裂，地下的石油受压力的影响，开始源源不断地沿着岩石的缝隙向地表渗出，黑油山的石油就是这样冒出来的。

这里的石油不用我开采，它自己钻出来。

克拉玛依黑油山局部

该图片由视觉中国提供

石油到底是如何形成的呢？

在古代海洋或湖泊中，细菌、藻类等生物死亡后被埋藏起来，在特定的条件下会不断分解，逐渐演化，经过漫长的地质年代，最终才会形成石油。

你可能会好奇，生物的遗骸通常是固态的，而石油通常是液态的，这种由固态向液态的转化是如何实现的呢？

海洋、湖泊等底部的有机质随着时间的推移越积越多，越埋越深，而地下的温度和压力也随着深度的增加而变大，在生物化学以及高温催化和压力的共同作用下，有机质逐渐液化成了石油。

如果你见过用五花肉炼油，对于石油形成的理解就更加容易了。刚放入锅中的五花肉是固态的，随着锅中温度不断升高，固态的五花肉逐渐转变为液态的油，用铲子按压，会加快出油的速度。

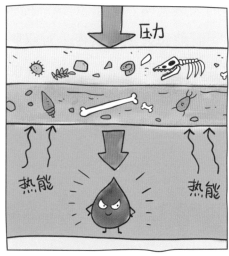

那么，天然气又是如何形成的呢？

石油和天然气的成因有着密切的联系。天然气也是由埋藏在地下的古生物遗骸转化形成的。

不过，石油的形成只能在有限的温度范围内发生，温度过低或过高都不利于它的形成。而天然气的形成要比石油更容易一些，主要有这样几种形成方式：有些微生物，比如产甲烷菌，能"吃掉"有机质，从而产生以甲烷为主的天然气，这样的天然气叫生物成因天然气；如果有机质经受的温度进一步升高就开始生成石油，在形成液态石油的过程中，也会同时伴生一些天然气，我们称之为伴生气；石油如果再经历更高的温度和压力，就会裂解转变为天然气，这样的天然气叫热裂解气。

石油和天然气就像一对双胞胎相伴相生。我们经常遇到这样的情况：油藏里面有气，气藏里面也有油。"宝藏仓库"中以油为主时，叫作油藏；以气为主时，叫作气藏；既有油又有相当数量的气时，叫作油气藏。

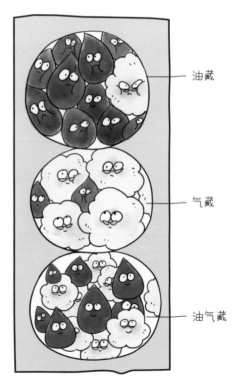

油藏

气藏

油气藏

人类消耗石油和天然气的量如此巨大，远古时期真的有那么多生物沉积下来吗？

自从地球孕育生命以来，出现过许多种类的生物，其中绝大多数是形体很小的生物，虽然它们形体很小，但数量异常庞大。据海洋学家推算，海洋中每年死亡的浮游生物可达 5500 亿吨。

地球经历了数十亿年的演化，在漫长的时间中，大量的生物遗骸被河流和风源源不断地运到海洋与湖泊中，数量也确实不少。

此外，地球在漫长的历史中发生过多次生物大灭绝事件，灭绝的这些生物，如恐龙，有的埋藏在了地底，为石油和天然气的形成提供了更多的物质基础。

因此，大量的古生物形成现今巨量的石油也是合理的。

没错！

我也为石油做出了贡献。

现在学者们对石油成因还有争论哟。

小贴士

石油和天然气是由古生物遗骸转化形成的观点被称为"有机成因理论"，另外还有一种"无机成因理论"，这种说法认为石油和天然气不是由古生物遗骸转化形成的，而是由于地质运动，地球深处的各种物质在高温高压下产生一系列化学反应生成的。如天然气，现在已经证明存在地球深部来的无机成因甲烷天然气。

你可能又会说，地球上到处都有生物，是不是在地下任意位置都可以形成石油和天然气呢？

首先，形成石油和天然气的遗骸需要在没有氧化和微生物分解作用的环境里快速保存起来。在陆地，各种动植物死亡后，往往被其他动物吃掉或者很快腐烂；而水下环境相对安静，生物遗骸相比陆地上更容易保存，并且水下缺氧，大大减缓生物遗骸的腐烂速度，这就意味着海底或湖底更有利于生物遗骸的保存。当然，这些遗骸还需在一定的温度和压力条件下经历几亿年的漫长变化，最终形成我们所说的石油，这一过程我们称为沉积物的埋藏演

小贴士

在自然界中，岩石大体分为三大类，它们是岩浆岩、变质岩和沉积岩。

沉积岩是流入江河湖海的泥沙，经过漫长的岁月，叠罗汉一样沉淀下来，压得越来越结实后形成的岩石。

沉积岩中所含有的矿产，占全部世界矿产蕴藏量的80%左右。

陆地环境中的生物遗骸　　　　水下环境中的生物遗骸

化。其实，这些复杂的变化都发生在沉积岩层中，因此寻找石油就需要揭开沉积岩层的神秘面纱。

了解了石油和天然气的形成，相信你也能得出这样的结论：搞清楚埋在地下的岩石是什么时候形成的、是不是沉积岩层、当时埋藏的环境是陆地还是海洋等，对石油和天然气的发现非常重要。没错，搞清楚地下的情况就是所谓的地质调查。

大庆油田发现者之一黄汲清院士就是一位在地质调查方面有突出贡献的科学家。1924年，黄汲清考上北京大学地质系。毕业后，他和同事们手拿地质锤，依靠双脚上高坡、下深谷，走遍了祖国的大江南北。他分析了中国含油气地区的地质情况，认为中国的油气生成和聚集具有多期性、多层性特点，预测了四川、内蒙古鄂尔多斯、华北（现在的渤海湾）、松辽盆地这四个重点地区可以找到油田。事实证明，这几个地方的确钻出了丰富的油气"宝藏"。

想在地下找油气，真不容易啊！

黄汲清院士

石油形成是一个复杂的地质过程，不同微生物和动植物遗骸形成的有机质是不同的，它们生成的石油也具有不同的化学结构和组成。

傅家谟院士通过大量观察，区分了不同有机质的微观结构，让我们可以推断出有机质是来源于古代海洋，还是陆地淡水湖泊，并且知道不同环境形成的有机质能够产生多少石油和天然气。

王铁冠院士跑遍了全国各地不同油田，采集上万个原油样品，分析了不同来源石油的分子结构。这就好比人类的 DNA 分析，通过识别特定的分子，追踪石油从产生、运移到聚集的整个过程，从而使我们能轻而易举地知道石油是从哪个方向来的。

像黄汲清、傅家谟、王铁冠一样肯钻研、善研究的科学家还有很多，经过科学家们的共同努力，我们对于石油和天然气的形成了解得越来越多，对于如何找到它们的经验也越来越丰富了。

地球上的油气"蛋糕"
是如何分布的?

美国前国务卿基辛格曾经说过："谁控制了石油，谁就控制了所有国家。"这话说得一点儿都不夸张。石油无论是在普通人的生活里，还是在国家的经济发展、军事战略中，都有举足轻重的作用。

石油和天然气就像一块美味的大蛋糕，每个国家都想吃到。但是，地球上的油气"蛋糕"分布很不均匀。大约四分之三的石油资源分布在东半球，其余四分之一分布在西半球；北半球的石油资源比南半球更丰富。天然气的分布和石油的分布密不可分，石油资源丰富的地区往往也可以发现天然气。据统计，全球148个国家和地区有油气发现，但主要集中在中东、中亚、北美三个地区以及俄罗斯。

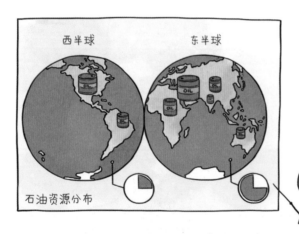

石油资源分布

地球像个淘气的孩子，并没有仔细地平均分配油气"蛋糕"，而是把它随意切分了，这使得有的地区怎么挖也挖不到油，有的地区则"富得流油"。一些国家为了争夺它甚至会大打出手，比如阿拉伯战

小贴士

具体来说，石油资源主要分布于波斯湾、墨西哥湾、北非，以及俄罗斯伏尔加、西伯利亚油田，欧洲的北海油田和美国的阿拉斯加湾产油区等。天然气储量最丰富的国家包括美国、俄罗斯、卡塔尔、土库曼斯坦等。中国的天然气探明储量处于世界中等水平。

争、两伊（伊拉克与伊朗）战争、伊拉克战争等，都是因为石油问题而引发的。

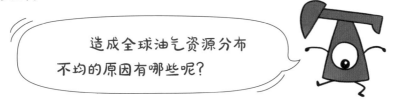

造成全球油气资源分布不均的原因有哪些呢？

　　石油和天然气主要是由埋藏在地下的古生物遗骸转化形成的有机质。也就是说，形成石油和天然气的地方至少需要具备两个条件：一是要有大量的生物；二是很多生物的遗骸能够堆积下来。

　　在百万年甚至数亿年之前，海洋边缘的大陆架区域、大陆内部的湖泊区域，就是符合这两个条件的好地方。这些区域阳光充足，温度适宜，水体比较宁静，适合各种生物大量繁殖，也有利于它们死后沉至水底堆积起来。而这样的环境可不是随处都有的，需要经过漫长的历史时期，经历复杂的大地构造，这也为油气"蛋糕"分布不均埋下了伏笔。

怎么还没出油？

大量的有机质在向石油和天然气转化的过程中，还需要满足适当的温度、压力、时间、细菌等条件。复杂的地质运动造就了沧海桑田的变化，促进了这些条件的产生。显然，地壳的拉张、隆起、凹陷、断裂也不可能是均匀发生的，这也是造成油气"蛋糕"分布不均的重要原因。

好不容易形成的石油和天然气，还需要沿着特定的通道运移到合适的"家"里居住下来。因此，运移通道的路线也影响了油气富集的方向，而"家"的分布，也就是地质学家们所说的储层的分布，同样对油气"蛋糕"的分布有着重要的影响。

这样看来，油气分布不均现象的产生，是由"源""储""运"等多方面因素共同作用的结果。

油气"蛋糕"分布如此不均，怎么才能让石油和天然气"走"到世界的各个角落呢？

目前主要有油轮运输、管道运输、火车油罐运输、汽车油罐运输四种方法。其中管道运输占比最大，世界三分之二的油气是依靠管道运输的。

提到管道运输，就一定要讲一讲我国应对油气分布不均的创举——"西气东输"。

"西气东输"西起新疆塔里木盆地的轮南油气田，东至上海，供气范围覆

小贴士

如果采用油轮运输、火车油罐运输、汽车油罐运输，需要空船空车返回，不能连续运输，还会受到交通、气候等条件影响。相比之下管道运输运量大，运输油气成本低，因此成为运输油气的主力军。

盖中原、华东、长江三角洲地区，是我国距离最长、口径最大的输气管道工程。

你可能会好奇：不是说海洋、湖泊更有利于油气形成嘛，塔里木盆地有着中国最大的沙漠塔克拉玛干沙漠，这里也藏着石油吗？

这就是前面讲的"复杂的地质运动造就了沧海桑田的变化"。塔里木盆地现在沙漠广布，但是在大约 2.8 亿年前曾为一片广阔的海洋。由于地壳的运动导致海水退却成为陆地，后来又经过了一系列构造运动和外部因素形成了沙漠广布的地貌。

在无边无际的沙漠寻找油气，无异于大海捞针。早在 20 世纪 60 年代，我国就加强了对塔里木盆地的钻探工作。1987 年，博士毕业的贾承造主动提出到条件艰苦的塔里木工作。1989 年，两万余名石油人，在"稳定东部，发展西部"总方针的指引下，挥师塔里木，开始了跨世纪的石油会战。

会战初期并不顺利，时任塔里木油田研究大队副大队长的贾承造带领团队做了很多尝试，却没有见到像大庆石油会战一样的壮观场面。

贾承造毫不气馁，他带领团队从第一手资料入手，研究了 1987 年以来的每一口探井，寻找塔里木盆地和其他盆地的异同点。他和研究团队发现，在塔里木盆地边缘的库车坳陷尽管地表崎岖起伏，但地震剖面上完整的巨厚膏盐岩就像棉被一样覆盖在储层之上，形成了"高压锅里炖肥肉，烂在锅里"的局面。

终于，1998 年 9 月 17 日，克拉 2 井完井测试，强大的天然气气流呼啸而出，高丰度、特高产、超高压、特大型优质气田横空出世！

小贴士

1912 年，德国科学家魏格纳提出了大陆漂移学说：大约在 2 亿年前，地球上的大陆彼此相连，构成一个超级大陆。后来，这块超级大陆四分五裂了，分裂的大陆板块漂移了亿万年才形成了今天的分布。如今大陆还在漂移，只是我们察觉不到罢了。

你能想象吗？塔里木盆地是从南半球漂移过来的。在远古的震旦纪（约 8 亿年前—约 5.7 亿年前），塔里木盆地在地球的南半球。它漂啊漂啊，一直到中生代（约 2.52 亿年前—约 6600 万年前）末期终于到了现在的位置。

贾承造院士

　　克拉 2 气田的发现,揭开了塔里木油气勘探史上最辉煌的一页,拉开了前陆盆地发现大气田的序幕。

　　克拉 2 气田的发现,促使国家决定实施"西气东输"工程。一条横贯全国东西,穿越戈壁、荒漠、高原、山区、平原的能源传输大动脉由此诞生。天然气进入千家万户,这不仅让人们免去了烧煤、烧柴和换煤气罐的麻烦,而且为环境保护做出了贡献。仅以"西气东输"一、二

加把劲儿,从新疆出发,直奔上海!

西

东

线工程每年输送的天然气量计算,就可以少烧燃煤 1200 万吨,减少二氧化碳排放 2 亿吨,减少二氧化硫排放 226 万吨。

天然气作为一种洁净环保的优质能源,燃烧后的产物大多为二氧化碳和水,几乎不含硫、粉尘和其他有害物质。"西气东输"工程的运行,使我们的天更蓝 。不过,如果没有克拉 2 气田,"西气东输"工程的实施或许还要再等若干年。

"西气东输"管道

该图片由中新图片提供

石油的家在哪里？

"你走吧，这里不是你的家。"一个低沉的声音回荡在一滴滴初生的石油耳边。

石油睁开眼睛，稚嫩的目光掩不住对命运的诧异和惊慌。这个要赶它们走的声音正是来自石油的出生地——烃源岩，这里并不欢迎它们久留。

烃源岩里充满了地层压力、浮力、渗透压力，石油每时每刻地被驱赶着——一段寻找安身之地的旅程看来是无法避免的了。于是，石油离开出生的地方，踏上了新的征程。

那么，哪里才是石油的家呢？

在专业领域里，通常把石油的家叫作储集层。储集层的样子，跟我们人类居住的房子有着异曲同工之处。能够作为储集层的地方，往往都有一个密不透风的"屋顶"和宽敞的"厅堂"。

　　"屋顶"通常指那些渗透性特别差的岩石,而"厅堂"通常指那些孔隙特别大的岩石。只有这两部分在几百万年的沉积中恰好组合在了一起,才能搭建起一个石油的家。

　　更有趣的是,这些石油的家也是千差万别的,有大有小,结构多样,风格各异。

　　要说其中最普遍的一种类型,就是背斜油气藏了,世界上将近20%已发现的油气都曾在这里安家。

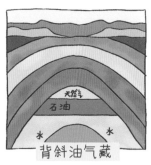

背斜油气藏

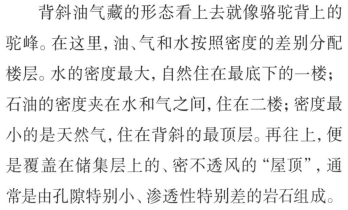

背斜油气藏的形态看上去就像骆驼背上的驼峰。在这里，油、气和水按照密度的差别分配楼层。水的密度最大，自然住在最底下的一楼；石油的密度夹在水和气之间，住在二楼；密度最小的是天然气，住在背斜的最顶层。再往上，便是覆盖在储集层上的、密不透风的"屋顶"，通常是由孔隙特别小、渗透性特别差的岩石组成。

我国最著名的油田——大庆油田里的油气就是在这样的背斜地层里找到的。

还有一种油气聚集地叫作断层油气藏。

大家都知道，我们居住的房屋墙壁必须是严密紧实的，如果有了裂缝，屋外刮风下雨都会让家里遭殃。然而在地下，有些裂缝却能成为油气理想的藏身之所。

断层油气藏一般是这样形成的：在一个倾斜的地层里，油气顺着斜坡正向上"走"着，突然一道大大的断层横在前方，前方的路被堵住了：对面是致密的岩石，油气无孔可钻；同时，断层产生后，天长日久，破碎带慢慢被不渗透物质填充，通道被彻底堵死。油气一想，既然前面没了路，那这里也不失为一个落脚的好地方，于是便在断层旁边住了下来。

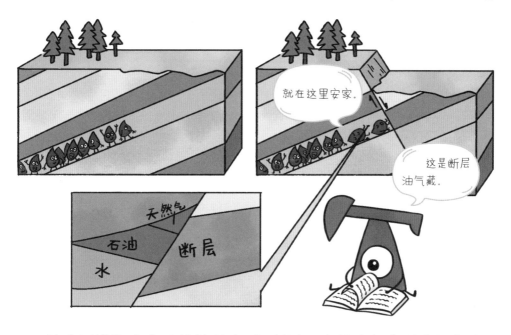

从我国渤海湾盆地的情况来看，断层可真是油气藏形成的大功臣。毫不夸张地说，在渤海湾盆地的油气藏几乎都与断层有关系。

世界上有一种哥特式建筑，这种建筑往往有着尖尖的屋顶。一些石油的房屋竟也有着相似的形状。我们通常把它们叫作尖灭型油气藏。

这种油气藏在储集层的上面、下面，全都是油气穿不透的致密岩石，并且储集层在这上下两层致密岩石的夹逼下，越来越小，最后就会形成一个尖尖的顶，酷似一个个倒下来的哥特式建筑。

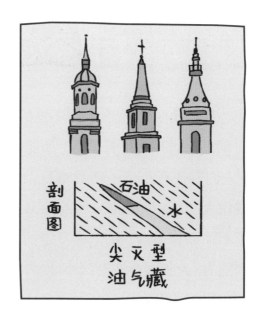

如果说前面介绍的几种油气的家都挺宽敞的话，那么接下来要提到的这种就显得有些狭小局促了。

这种油气藏的四周都是油气透不过的岩石，储集层被圈在其中，形成了专业上所说的透镜型油气藏。石油住在里面，就像是住在一个睡袋里，狭小的储集层让它们几乎没有活动的空间，千百万年来只能沉睡在其中。

石油住在砂岩里，就像睡在狭小的睡袋里。

泥岩

砂岩

挤一挤更暖和。

透镜型油气藏

现在我们知道了，在看不见的地下世界，隐藏着一个又一个油气的家，它们的位置、样式等，都受着多种地质因素的影响。这就注定了人们勘探石油是一项艰难复杂的工程。我国古生代海相地层油气发现大功臣、著名的油气勘探家康玉柱院士，把自己的一生都献给了石油勘探事业，并凭着坚定的意志、深厚的专业积累，还有勇气和魄力，为我国石油勘探事业做出了了不起的贡献。

康玉柱出生于1936年，考入长春地质学院后成绩始终优异。毕业时，学校多次邀请他留校任教，可他始终坚持自己的目标：不怕艰苦，到祖国最需要的地方去。

20世纪60年代，我国的东北、华北相继发现了油气，而西北却依然沉寂。1970年，康玉柱率领石油地质综合研究大队来到了塔里木盆地。一眼望去，这里太荒凉了，除了戈壁就是沙漠，气候也非常恶劣。野外勘探不仅需要风餐露宿，更要提防自然风险，半年不到，康玉柱瘦了20斤。但就在这样艰苦的条件下，康玉柱首次发现两套古生界生油岩：石炭—二叠系和寒武—奥陶系。他大胆预测：塔里木盆地是我国重要的大型含油气盆地之一，而且是个多油气藏型油气盆地。

于是，"新疆石油普查勘探指挥部"正式成立，塔里木的油气资源普查勘探大规模展开。为了祖国的勘探事业，康玉柱把家搬到

了新疆。战天斗地的豪情、辛勤的汗水、无私的奉献，让康玉柱和团队获得了丰厚回报，一个又一个油气田被发现，其中就包含了具有标志意义的沙参二井的成功开采。

1983年初，康玉柱主持沙参二井的钻探。这口井于1984年8月已经钻到地下深处5000多米了，不仅没有钻到油气，还产生井漏，再钻下去极有可能发生安全事故。

在这关键的时刻，康院士坚持自己的判断，他力排众议："决不能停钻，至少要再打100米。"他专业、理性的分析赢得了地质学家和上级领导的支持，最终决定继续往深处钻。终于在1984年9月22日凌晨，沙参二井只加深了28米，油气便从井中喷涌而出。沙参二井的成功开采拉开了塔里木找油大会战的序幕。

康玉柱因此被人们称为中国古生代海相油田的开拓者，"再打100米"也成为康玉柱院士勘探生涯里的一段佳话。

你见过蒸馒头、蒸包子吗?

蒸的时候盖紧锅盖,等蒸好后揭开锅盖的一瞬间,只见白气蒸腾,香味扑鼻而来。这些白气都是微小的水滴,它们被锅盖盖住,等到盖子一揭开,就迫不及待地跑了出来。

你知道吗,藏在地下的油气也是被"锅盖"盖着的。

聚集在一起的油气和蒸锅里的水蒸气一样,也会向周围逸散。幸亏有阻止它们逸散的"功臣"——盖层,像锅盖一样,把油气盖在了下面。

我们已经了解到地下有许多油气的"家",也就是储集层。能够作为储集层的地方,往往都有一个密不透风的"屋顶",这个"屋顶"就是盖层,是能阻止油气散逸的保护层。

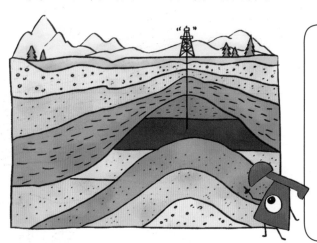

小贴士

1977 年,科学家们对世界上 334 个大油田、气田进行了数据统计,以页岩、泥岩做盖层的占总数的 65%;以盐岩、石膏做盖层的占 33%;以石灰岩做盖层的仅占 2%。

组成盖层的材料——岩石——孔隙越小，越致密，盖层的封闭性就越强，油气就越难通过。岩石中比较适合作为盖层的优质材料有页岩、泥岩、盐岩、石膏、石灰岩等。

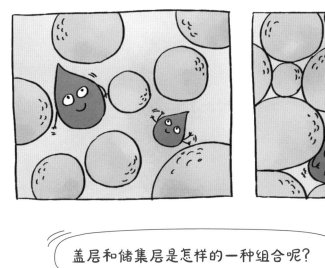

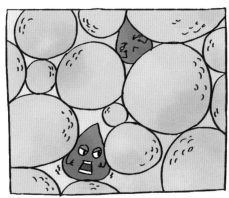

盖层和储集层是怎样的一种组合呢？

一般来说，孔隙相对比较大的岩层可以作为储集层，而孔隙相对小的岩层就可以作为盖层。储集层在下，盖层在上；有时在地层内部压力作用下，油气也可以向下运移，所以，有时盖层也在下面。这样一来就构成了一个"储盖组合"，防止油气跑走。

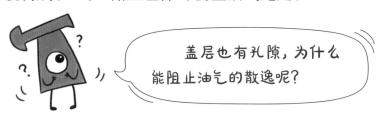

盖层也有孔隙，为什么能阻止油气的散逸呢？

想要解开这个谜题，就要隆重请出盖层的"秘密武器"——毛细管力登场了！

盖层的岩石中往往是含水的,油气要想通过盖层、离开储集层,就得排替掉盖层中"毛细管"里的水——顾名思义,"毛细管"就是岩石中细如毛发的孔隙。油气排替掉这些水所需要的最低的压力,就是毛细管力。

如果驱使油气运移的力达不到毛细管力的值,油气就会被封闭在盖层之下。只有当驱使油气运移的力突破毛细管力的值,油气才能穿过盖层,散逸出去。

油气排替掉盖层孔隙中的水,就像油气和水在对抗.

一般来说,盖层的孔隙越小,毛细管力就越大,盖层的封闭效果也就越好。

那么,盖层的封闭效果和盖层岩石的厚度有关吗?盖层岩石越厚,封闭能力越强吗?一般来讲,盖层的封闭效果和盖层的厚度有一定的关系,盖层岩石只有达到一定的厚度,对储集层的石油才能有一定的封闭效果。

那么，盖层以下的油气是如何运移、聚集的呢？

　　油气在出生的地方（烃源岩），一般会因内部存在压力差，而被挤出烃源岩，这个过程我们称为初次运移。经过初次运移，油气顺利地来到了自己的"新家"（储集层），在此之后油气还要走的话，我们称为二次运移。油气的二次运移往往是通过浮力向上走。当油气走着走着遇到了盖层，此时毛细管力阻止了油气前进的脚步，油气只好乖乖地待在盖层下面，这就形成了油气藏。我国的大庆油田、胜利油田，就是油气如此这般在地下运移、聚集形成的巨大的油气藏。

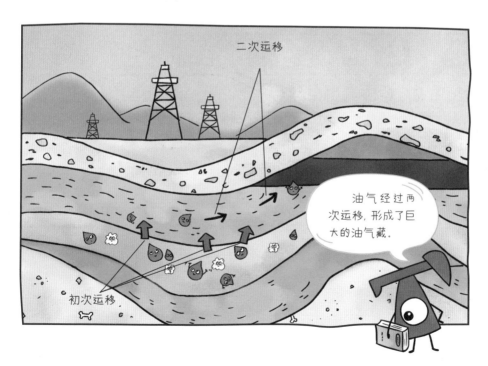

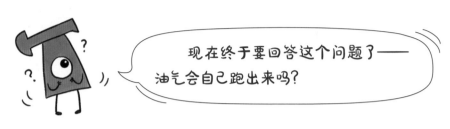

现在终于要回答这个问题了——油气会自己跑出来吗？

蒸馒头、蒸包子时，就算盖着锅盖，还是会有少量的白气跑出来。同样，任何盖层对油气的隔绝能力都是相对的，能完全阻止油气跑掉的盖层是不存在的——肯定有一小部分油气会跑出来。

不仅如此，当地球发生大的构造运动，比如地下产生断层时，盖层有可能会被破坏，油气就会沿着断层不断向上运移。一些"通天"断层的破坏性是很大的，会使油气大量散逸。此外，大规模的岩浆活动、构造运动造成的地壳大规模的抬升，有时候也会破坏盖层的封闭性，造成油气散逸。

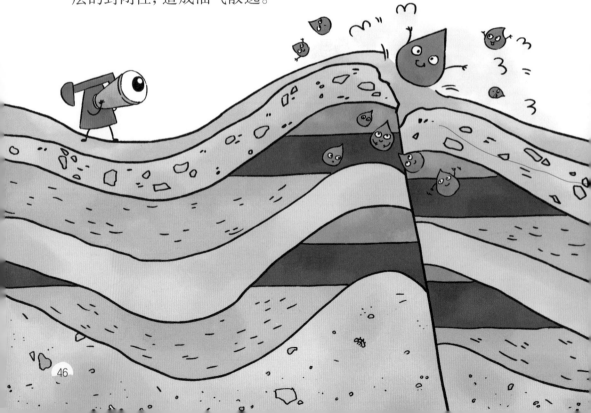

我国许多含油气盆地,经历了漫长而复杂的构造演化过程。油气保存条件对油气的勘探与开发十分重要,因此国内的许多科研人员针对盖层开展了不少的研究。

东北石油大学的陈章明教授长期从事油气藏形成的研究工作,是最早关注盖层研究的地质学家之一。陈章明亲眼见到过国家贫油的现状,希望为国家富强、民族振兴做出自己的贡献。

经过多年研究,陈章明教授针对断层在油气运移、聚集、散失过程中的重要作用,较早地提出了断层封闭性的研究方法,并组织课题组进行了艰苦攻关,利用逻辑信息法建立了勘探早期阶段判断断层封闭性的数学地质模型,填补了国内外研究的空白。

他还非常重视教学工作,努力培养更多专业人才,教学成果丰硕。他把极大的热情投入教学工作之中,哪怕是课间休息时间对学生也是有问必答。他不仅重视专业知识的传授,而且更加重视培养

学生的责任感。多年之后，学生们依然能够清晰地回忆起，他讲到国家需求，讲到肩负的历史责任时，语言中饱含的厚望，声音里蕴含的焦急，眼睛里闪烁的期待。

像陈章明教授这样的科研工作者还有很多，他们勇敢面对几乎不可能的挑战，艰苦攻关，解决了一个又一个油气科技攻关难题，为我国油气的勘探、开采提供了重要的理论与技术支撑；他们饱含爱国之情，把国家的需求当作自己的责任，乐于培养新人，为祖国的未来播撒希望的种子。

陈章明教授

石油和天然气这些宝贵的资源，都藏在地下几千米的岩层中。地质学家们并没有透视眼，仅凭肉眼观察地面上的岩石就推测出地下深处的情况，是一件不可能完成的任务。

别担心，地质学家们有寻找石油的三大法宝，可以更快地探测到石油的藏身之处。

第一件法宝名叫"地震勘探"。

听到"地震"，你先不要紧张。地质学家们使用的地震与那些让大地晃动、房屋倒塌的自然地震相比要微弱得多，不会对人类的生活造成危害。

通常，地质学家们会通过向地下埋炸药、打空气枪，甚至是利用电火花、精密机械等手段，造成人工地震。地震波在不同的岩石里跑得不一样快，从一种岩石跑到另一种岩石时，跑的速度就会发生变化。

地震的情况都会被安放在地面的检波器"看"得一清二楚。检波器把地震的这些反应记录下来，发送给电脑，电脑再进行适当的调整和加工，就可以清楚地展示出地下深处的结构和形状。

这项技术可太重要啦，可以说是地质学家们的"透视眼"，相当于医生给病人看病检查的 CT。通过这双眼睛，他们就可以清楚地"看"到地下几千米深处的样子，进而对油气的位置做出判断。是不是很神奇？

小贴士

在海上人工激发地震波，不能像在陆地上一样使用炸药，因为炸药会破坏海洋环境，使海洋生物死亡，所以主要使用空气枪震源。海上接收地震波的检波器也与陆地上用的不同。检波器被放在水下一定深度，在海上进行地震勘探时，由船拖着震源和检波器边航行边作业。

又震了！

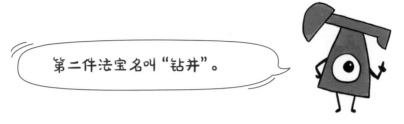

第二件法宝名叫"钻井"。

钻井这项技术就像在医院里抽血化验。医生对抽出的血液进行化验,可以检测到我们身体的健康状况。同样的道理,地质学家们通过钻井技术从地层中"抽出"岩石,就可以了解更多地层的信息。可是,相比于扎入柔软的皮肤在血管里抽出血液,想要在坚硬的地下钻一口井,从地层抽出岩石,并不是一件容易的事情。

来看一组数据,在我国东部地区的陆地上钻一口 6000 米深的井,深度比较浅时,每向下多钻 1 米,就要多花 1000 至 2000 元;当深度达到 5000 米之后,每向下多钻 1 米,竟然要多花 5000 元,也就是说,仅仅钻完一口井,很可能要花掉上千万元。

而且,这样的花费还是在地层条件比较好的地区。假如想在四川、云南等地形崎岖的山区,或者在塔里木盆地的大沙漠,再或是在渤海、南海这样的海洋钻一口井,花费就更大了。

　　钻一口井居然要花这么多钱！到底贵在哪儿了呢？

　　当你进一步了解钻井，就不会惊讶于高昂的费用了。在钻井过程中，深入地下的部分主要包含钻头和长长的钻杆。钻杆负责带动钻头旋转，钻头负责钻碎岩石。

　　想要穿透地下的岩石，就得找一种比岩石更硬的材料。因此在钻头上镶嵌的是一颗颗坚硬无比的金刚石。金刚石可是加工钻石的原材料，它的珍贵程度可想而知。即使这样，在钻井过程中金刚石也会不断被磨损，钻完一口井可能得用掉许多个钻头，相当于消耗掉许多钻石的原材料呢。

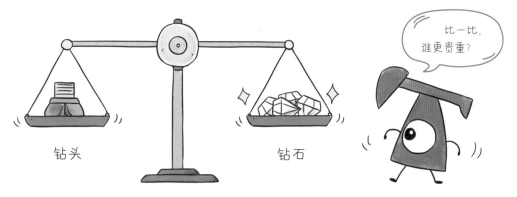

钻头　　　　　　　　　　钻石

　　据统计，世界上每年都会开钻几万口井。在钻井的过程中，地下岩石会不断地被输送到地面。地质学家们通过研究这些岩石，可以最快速地判断出地下几千米的情况。假如一口井恰巧钻到了油气，甚至可以在采样岩石上直接摸到石油，这种感觉就像是挖到了地下宝藏一样，花费高也是值得的。

小贴士

通过钻井技术从地层中"抽出"的岩石叫作岩芯,是圆柱状的。岩芯一截儿一截儿的,是按顺序"抽"到地面上的地层。看见一个钻井的岩芯是"一孔之见",把不同地方的岩芯放在一起看,就可以建立起完整的地层剖面。

第三件法宝名叫"测井"。

测井是利用钻井留下的井和许多测量仪器,对地下岩石做出的一项全方位的深度扫描。

测井时,地质学家利用测井车在井中放入一个"扫描仪",然后慢慢地把"扫描仪"拉出井筒。在这个过程中,"扫描仪"会仔细地把每个深度的信息都记录下来。比如,"扫描仪"检测到比较轻的物质时会立刻记录下来,油比水轻,那也许是石油;再比如,"扫描仪"会给岩石通电,在藏着石油的岩石中所产生的电流,要比在含水岩石中更小……"扫描仪"搜集到的信息会连成一条弯弯曲曲的线,像心电图一样,供地质学家研究。

发现石油的法宝是什么？

测井车开始工作啦！

在探索油气的过程中，地震勘探、钻井、测井这三件法宝缺一不可。近些年，我国在"法宝"研究方面也是人才济济，成绩斐然。

一生投身祖国油气钻井事业的沈忠厚院士便是其中的榜样。20世纪70年代末，沈忠厚听说国外有人用水来切割金属板，看起来温柔的流水切割起坚硬的合金材料就像切豆腐一样容易。他一下萌生了利用水射流与钻头相结合破碎岩石，加快钻井速度的想法。

但难题也出现了：水射流的大小无法很好地控制，在井底还会出现衰减。经过大量实验，沈忠厚终于建立了新的水力设计理论，彻底解决了困扰世界的

沈忠厚院士和技术人员在一线

井底水功率难题。1989年，历经8年的艰苦努力，第一代钻头——新型长喷嘴牙轮钻头诞生了，这大大加速了油田的钻井速度，让中国的喷射钻井水平日渐走到了世界前列。

同学们，你们也许已经明白，发现油气不但要知道它们从哪里来，住在哪里，还得有技术把它们"请"出来，这是一项系统工程，需要大量专业人才。

早在20世纪80年代末，我国著名的石油地质学家，中国石油大学原校长张一伟教授就提出培养复合型人才的观点。张一伟教授不仅在科研上获得国家科技进步奖，还培养了一大批既懂地质又懂勘探的专业人才。张一伟教授出身名门，他的伯父张治中是著名的爱国将领。童年时，他受伯父的教导，把"热爱祖国，追求真理"当

张一伟教授

作座右铭。青年时，周恩来总理为他题词："为加强国防力量而努力"，这也激励着他在留学归来后一直在大学任教，为祖国培养了大批石油工业人才。

专业人才为石油勘探和开采不断注入新的力量，帮助我国在钻井方面不断取得新成就。2022年8月，塔里木盆地顺北油气田的"深地一号"钻井刷新亚洲纪录，深度达到9300米，堪称"地下珠峰"，这是令我们所有人无比自豪的壮举！

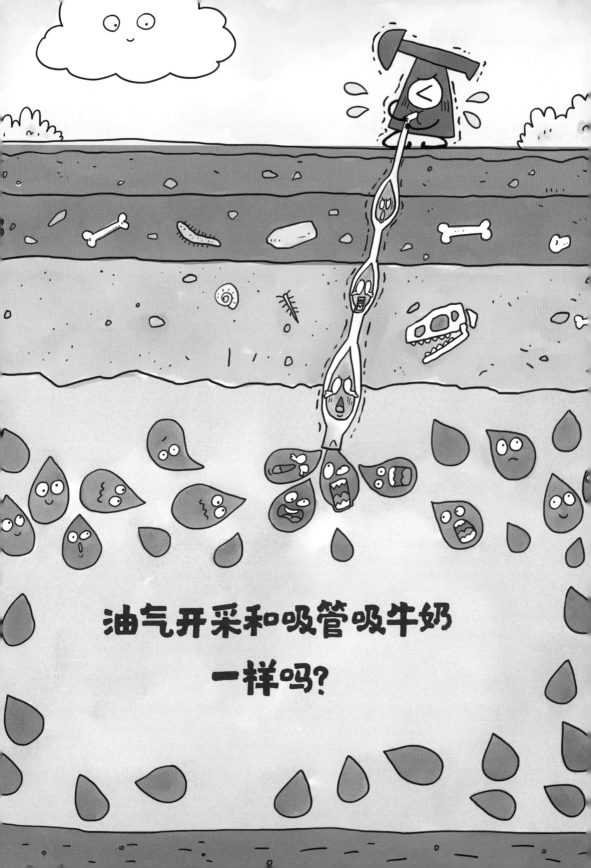

油气开采和吸管吸牛奶
一样吗?

喝牛奶的时候,你用过吸管吧。把吸管插进牛奶盒中,轻轻一吸,牛奶就听话地顺着吸管流进了嘴里。

如果你把地下世界看成一个盛满了石油和天然气的大盒子,不妨大胆想象一下:要是能做一根很长很长的吸管插进地下,就能像吸牛奶一样把石油和天然气吸出来了。

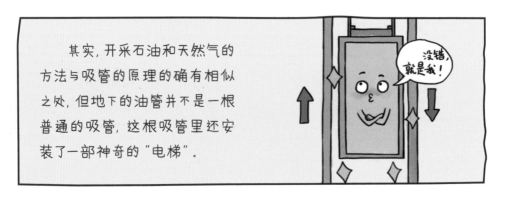

其实,开采石油和天然气的方法与吸管的原理的确有相似之处,但地下的油管并不是一根普通的吸管,这根吸管里还安装了一部神奇的"电梯"。

没错,就是我!

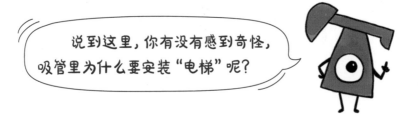

说到这里,你有没有感到奇怪,吸管里为什么要安装"电梯"呢?

别急,问题的答案还要从这部"电梯"的结构说起。

这部"电梯"的真名叫作抽油泵,它与我们平时在高楼大厦里见到的电梯可不一样。乘坐高楼大厦里的电梯,你可以快速地去往你想去的任何楼层,可以向上,也可以向下;但是,进入抽油泵的油气就没有这么自由了。人们在它的上下两端安装了两个阀门,就像是在电梯门口指派了两位尽职尽责的保安,只在抽油时放行。这时油气就会在压力差的推动下顺着油管向上走，一旦抽油结束，阀门就会立刻封死，坚决拒绝那些想要下楼的油气"乘客"。

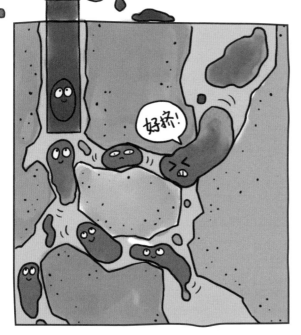

油气"乘客"进入了这部"电梯"，就没有了退路。结果，来到抽油泵上面的油气越积越多，油管中油气的高度越来越高，油气就这样逐渐被送到了地上。在石油行业中，通常把这种仅利用油层能量，直接抽油开采的方法称为一次采油。这种能量正是来源于覆盖在油气之上的岩石所施加的重压。

有些油气"乘客"在乘坐"电梯"时会遇到困难，这时就需要人们搭把手。人们向油层注水或注气，来提高油层的压力，帮助油气"乘客"进入"电梯"。通常，把这种通过向油层注水或注气补充油层能量开采石油的方法称为二次采油。

还有一些油气"乘客"脾气倔，尤其是那些"力气大"的稠油，它们仰仗着自己的强壮，死死抱住石头不肯松手。这时，人们又想到很多方法，通过各种物理、化学方法改善油、气、水及岩石相互之间的性能,增加石油的流动性,以开采出更多的油,这些方法被称为三次采油。

比如,人们会往地下的石头里灌入神奇的"魔法药水",石头碰上这些"药水"就会变得无比的光滑,好像游乐场里的滑梯。油气一不留神,就会顺着滑梯溜进油管里。

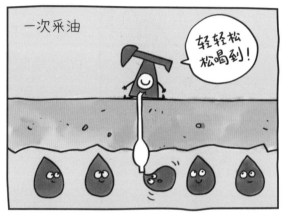

再比如,人们绕到油气的后方,钻开一条新的通道,让二氧化碳空降到油气的根据地,这些二氧化碳会趁油气不注意,攻占它们的

城堡，将油气赶到油管中。总之，如何找到更加有效的方法让油气们乖乖服软，成了各个油田的头等大事。其中，大庆油田走在了世界的前列。

小贴士

注进去的二氧化碳该如何处置呢？答案是就把它关在地下。过多的二氧化碳对环境极为不利，会让全球气温升高，冰川融化。把二氧化碳注入地下，不仅采出了石油，而且保护了环境，两全其美。近些年，国家也将这项技术提上了日程，把它作为支撑"碳达峰""碳中和"战略中的重要技术，进行攻关研究并大力推广应用。

大庆油田从 20 世纪 60 年代开始开采，为中国石油事业立下了汗马功劳，是中国的功勋油田。但随着年复一年的开采，它也显得有些力不从心。并不是因为它要枯竭了，其实它依旧蕴藏着大量的油气资源，只是这些油气要么十分黏稠，要么躲在石头缝隙的角落里，无法被开采出来。

为了让大庆油田重新焕发生机，中国工程院院士王德民将自己的全部精力投入了新技术的研究——为大庆油田寻找适合自己的"魔法药水"。

20 世纪 80 年代，这种在油层中加入"魔法药水"的技术在全世界范围内都是冷门，很多科学家对它望而却步，王德民院士选择了迎难而上。

　　向地下注入的"魔法药水"，被称为聚合物。它有很好的采油效果，可惜它又黏又弹，不像水那么容易流动，一不小心就会把管道、阀门堵塞，这是整个开采技术推进的巨大难题。

　　面对这个不可能完成的任务，许多人都劝王德民院士放弃，但他始终坚持着自己的研判，夜以继日地工作，进行了无数次的实验和测试，直到成功突破了聚合物驱采油技术，创造了世界奇迹。

　　从 1996 年到 2006 年，10 年的时间里，大庆油田依靠着聚合物采出了 1 亿吨油！王德民院士也因这项技术获得了国家科技进步奖一等奖！

　　但是，王德民院士并没有止步于此。

　　大庆油田很多区块经过三次采油后达到或接近废弃条件，每开采出 100 吨液体，98 吨都是水，只有 2 吨是真正有用的石油，于是有人打趣地把大庆油田叫作"大庆水田"。

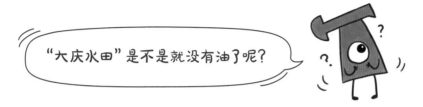

"大庆水田"是不是就没有油了呢?

王德民院士判断这些"水田"区块仍然有一半左右的地质储量没有采出,他想研发出一种经济有效的四次采油方法,继续开发这些废弃油藏。

世上无难事,只怕有心人。在王德民院士的带领下,科研人员经过艰苦研究,终于在2017年实现了大庆油田小规模的"井下油水分离、同井注采"工艺,成功实现四次采油,为已经关停13年的油田重新带来生机,初步突破了石油工业长期没有解决的四次采油的难题。

王德民院士用努力和汗水,为大庆油田各个阶段的发展和稳定提供了技术保证。正是因为有了像王德民院士这样伟大的科学家们的前赴后继,才造就了大庆油田的再次辉煌。

据统计,大庆油田在连续27年产油5000万吨后,又连续12年完成了4000万吨以上的产量目标!目前大庆主力油田的出油比例突破了60%,远远高出世界水平,堪称油

王德民院士

田开发史上的奇迹!

为了铭记王德民院士在科研领域做出的杰出贡献,2016 年,一颗编号为 210231 的小行星被命名为"王德民星"。

获得这一荣誉的时候,王德民院士已经 79 岁高龄了。他说:"我同所有扎根于大庆油田的工作人员一道,为油田的开发建设努力工作,尽了一点儿绵薄之力。这份荣誉并不是属于我一个人,而是属于全体石油科技人员,这份荣誉既意味着鲜花与掌声,也意味着使命和责任。"

让我们为大庆油田鼓掌,为默默付出的科学家和石油工作者们鼓掌!

大庆油田的抽油机在作业

该图片由视觉中国提供

"中国绝不会生产大量石油。"

一百年前，人们对这样的话一点儿也不陌生。中国是个"贫油国"，不会有大量石油，只能从国外进口——这是20世纪20年代前后，外国专家给中国扣上的帽子。

1914年，中美的地质工作者来到陕北，对这里的一部分地区开展了调查和研究，两年间钻开了7口井，仅仅发现了零星的一点儿石油。这样的结果让所有人都非常沮丧。1916年，一名美孚公司的地质学家在一篇文章中写下了这一结论："研究的区域里没有一口井采出的石油量具有工业价值。"

之后，还有一些外国专家陆陆续续踏上中国的土地，希望淘得一些石油，但也都是匆匆地来，匆匆地去，谁也没得到半点收获。于是，"中国绝不会生产大量石油"的消息便在世界上流传开来，"贫油国"的帽子也自然戴在了我们的头上。

中国地域如此辽阔，难道真的没有一点儿值得利用的石油资源吗？

中国的老百姓不相信，中国的科学家更不相信！

1928 年，时任中央研究院地质研究所所长的李四光掷地有声地给出了回应："中国的油田，到现在还没有好好地研究。""美孚的失败，并不能证明中国没有油田可办。"

是啊，仅仅钻开了几口空井，调查了不到中国百分之一的土地，就给中国定下无油的结论，就好像在沙滩上走了走，就说大海没有万丈深渊、没有滔天巨浪，这是非常不科学的。

从 20 世纪 20 年代开始，以孙健初、潘钟祥、李四光、黄汲清、谢家荣等为代表的地质学家们，先后走遍祖国的大江南北，跨越山地高原、丘陵盆地，前赴后继地展开地质勘探。

谁也没有料到，一项举世瞩目的成就正在这个过程中孕育、诞生——它就是陆相生油理论。在地质构造过程中，由海洋环境沉积下来的地层，叫作海相地层；而由湖泊、河流等陆地环境沉积下来

的地层,叫作陆相地层。陆相生油理论,简单来说,就是在几千万年前曾是湖泊、河流的陆相地层也能找到丰富石油的理论。

陆相生油理论与当时普遍认为的只有海相地层才能生成石油的理论可谓截然不同。

一提到"海相",人们就想到大海的浩瀚无边。的确,海洋的规模是湖泊、河流等无法相比的。海洋的咸水环境比陆相地层的淡水环境也更有利于有机质的保存。因此,海相沉积盆地更有利于大型油气藏的形成。

在当时,全世界的石油几乎都是在海相地层中找到的。中国的陆相沉积盆地很多,陆相贫油的观念束缚了人们的思想,导致中国的石油工业长期没有什么发展。

老一辈地质学家们没有跟在别人后面人云亦云,他们以扎实的理论研究和多年的实地勘探经验,发现陆相沉积环境中也可以生成一定数量的石油。

陆相沉积环境是如何形成的呢?

陆地上的湖泊、河流等有各种各样的沉积环境。

比如大型湖泊。这样的湖泊，水体一般比较平静，它的沉积物质一方面来自流入湖泊的水，这样的水体中一般携带着大量的泥沙，遇到平静的湖泊，没有了搬运的动力，就会沉积下来；另一方面来自湖泊中的生物，它们死亡后很多会被泥沙埋藏在湖底。沉积物质中的有机质经过数百万年的演化，就有机会形成石油。

再比如弯曲的河流。向前奔腾的河水，遇到弯曲的地方，受到惯性作用会冲击凹岸。经历不断冲击，凹岸的岩石掉落，混杂着河水中的泥沙，顺着河流来到水流较缓慢的凸岸沉积下来。随着时间的推移，凸岸的沙坝越变越大，便会形成非常好的石油储集层，这也是地质学家们在陆相地层中找油时关注的重点。

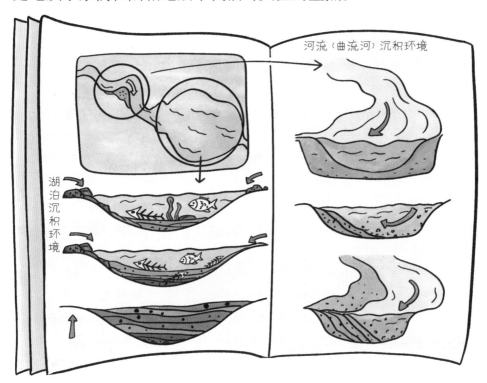

陆相沉积环境是多种多样的，不止这两种。随着越来越深入的研究，老一辈地质学家们提出了适合中国的陆相生油理论。

1931年，潘钟祥和同事们在野外观测和实验分析基础上，提出了陆相生油理论，简单来说，就是陆地上的大型湖泊也可以形成产生石油的岩石。

1938年，孙健初等人在甘肃玉门老君庙发现油田，为陆相生油理论提供了佐证。

1941年，潘钟祥在国际上发表了第一篇关于陆相生油的论文，向世界宣告了我国发展陆相生油的决心和信心。

然而，直到新中国成立之初，中国石油的年产量仍然只有12万吨，离满足国家建设发展的需要还差太多太多。

要向世界证明中国不是"贫油国"，要想证明陆相生油的可行性，中国就要实实在在打出一口高产量的油井。

毛泽东主席十分关心中国石油的发展，他曾说："要进行建设，石油是不可缺少的，天上飞的，地上跑的，没有石油都转不动。"1953年，毛主席邀请李四光到中南海，询问

中国石油发展的前景。李四光自信地告诉毛主席："中国辽阔的大地之下，石油的储量应当是相当丰富的，关键是要抓紧做好地质勘探工作。"

当时已年过六旬的李四光精力十足，他亲自带着国内的专家团队搜寻石油的蛛丝马迹，并根据陆相生油理论，大胆地提出了向中国东部找油的建议。要知道，在这之前，我国找油的重心一直放在西部，但都没有获得令人惊喜的结果。正当大家都有些泄气的时候，李四光的科学提议无疑让全国的石油地质工作者找到了继续前进的方向！

1958 年，党中央正式做出了石油勘探战略东移的决策。一大批地质学家拿起地质锤，带上放大镜，顺着李四光院士提出的"勘探走廊"——新华夏构造体系沉降带——向东部进军。仅仅一年的时间，前方就传来了好消息：1959年 9 月 26 日，松基三井发现工业原油产出，而这口井正好坐落在之后举世闻名的大庆油田之上。

从此，一场浩浩荡荡的石油大会战拉开了帷幕。

在余秋里、康世恩等老一辈革命家的领导下，以王进喜为代表的一批奋进的石油工人和科技工作者，将自己的青春与热血全部投入油田的勘探开发建设中去，大庆油田以令世人惊讶的速度发展，成为世界闻名的大型油田。

1963 年 12 月，周恩来总理在全国人民代表大会上庄严宣布："我国需要的石油，可以基本自给了。"

中国人创立并发展的陆相生油理论，不仅让我们摘掉了"贫油国"的帽子，还为世界地质学的发展做出了重要贡献，成为石油地质学的重要组成部分。

小贴士

1982 年，全国科技大会上《大庆油田发现过程的地球科学工作》获得国家自然科学奖一等奖。代表地质矿产部获奖的有：李四光、黄汲清、谢家荣、韩景行、朱大绶、吕华、王懋基、朱夏、关士聪等；代表石油工业部获奖的有：张文昭、杨继良、钟其权、翁文波、余伯良、邱中建、田在艺、胡朝元、赵声振、李德生等；代表中国科学院获奖的有：张文佑、侯德封、顾功叙、顾知微。

大庆油田工人欢呼第一口油井试喷成功

地下万米深处有油气"豪宅"吗?

有人说石油是工业的血液，有人说石油是国家的命脉，总之，石油对于一个国家来说，就像血液对于人体一样重要。

可石油这个宝贝，它能藏多深呢？

你听它自己怎么说：

"知道吗？我比孙悟空还厉害，孙悟空被压在五指山下500多年，我可是被压在石头缝里上亿年啊。"

没错，石油藏在岩石的缝隙中。可岩石和岩石是不一样的，有缝隙大的，也有缝隙小的。谁不喜欢住"大房子"呢？石油也喜欢待在缝隙大的岩石里。沉积岩的缝隙相对较大，最容易成为石油居住的"豪宅"啦。

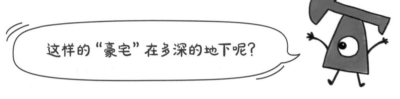

这样的"豪宅"在多深的地下呢？

目前，80%的石油"豪宅"都是在从地面到地下3500米以内的沉积岩中发现的。沉积岩是个大部落，主要包括石灰岩家族、砂岩家族、页岩家族等，其中又数砂岩家族最受欢迎，石油的很多"豪宅"就在砂岩的孔隙里。

砂岩

砂岩按照块头大小又分为粗砂岩、中砂岩、细砂岩、粉砂岩和泥岩。通常情况下，在地下埋得越深、承受的压力越大，这些岩石就越紧密地团结在一起，缝隙的储存空间就会越小。当砂岩埋在地下的深度超过 5000 米以后，它的孔隙会变得非常小，石油居住的"房子"就变小啦。

很多人由此推断，地下超深层再也不可能有石油的"豪宅"了；但是他们错了，因为地下超深层有厉害的碳酸盐岩。

碳酸盐岩是由二氧化碳和氢氧化钙通过化学作用形成的，它的厉害之处在于：即使埋得很深，岩石的孔隙也不会变小。在几亿年前的太阳高照和暴雨淋滤下，碳酸盐岩被溶蚀，形成孔隙，这些孔隙在埋藏的岁月中基本保持不变，所以就变成了石油的"豪宅"。

砂岩埋得越深，孔隙越小。

碳酸盐岩即使被埋得很深，孔隙也不会变小。

继续往地球深处探索，在地下万米深处，还有没有碳酸盐岩构造的石油"豪宅"呢？

为碳酸盐岩中的白云岩喝彩吧，因为白云岩具有更为坚硬的骨架，更能够顶住上覆地层的压力，使骨架内原生的孔隙得以更好地保存下来，从而成为万米深处最不容易被探知的石油"豪宅"。

那么，我国的科学家是如何找到这些埋藏在地层深处的石油"豪宅"的呢？

在回答这个问题之前，我们先做个简单的回顾：在陆相生油理论指导下，在地质学家们的努力下，中国在陆相地层里找到了大庆、胜利、渤海湾等很多大型油田，甩掉了"贫油国"的帽子。然而在我国的海相地层中，地质学家们一直没有找到大型油田。

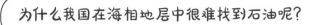

为什么我国在海相地层中很难找到石油呢?

其实，中国并不缺乏海相沉积地层，四川、塔里木板块在地质历史上长期都是海洋环境，与今天的中东地区隔洋相望，有着漫长深厚的海相沉积，同样拥有良好的成油气条件。

可是，与国外的同类型盆地相比，中国的海相盆地历史古老，埋藏很深，构造运动强烈，碰撞造山的过程犹如手风琴的开合，具有极为复杂的构造特征。打个比方，如果中东地区的海相盆地是装油的碗，我国的海相盆地就像装油的碗掉在地上，摔碎了。

地质学家们从来没有放弃在中国的海相地层中找油。从 20 世纪 50 年代开始，他们就开始啃这块硬骨头了，无奈一直没有太大的收获。

小贴士

中国的海相盆地主要有塔里木盆地、四川盆地、鄂尔多斯盆地等。

难道，中国的海相地层真的无油可找？

与国外海相碳酸盐岩丰富的油气储备相比，中国海相碳酸盐岩层系油气形成时代早，后期又经历过多次改造，油气藏在哪里，无人知晓。

在寻找中国海相碳酸盐岩层系油气的艰辛历程中，牟书令教授做出了卓越的贡献。牟教授是曾经担任中国石化高级副总裁的俄罗斯自然科学院的外籍院士，他先是带领团队梳理了前期的经验教训，从第一手资料抓起，然后对比分析了国外海相碳酸盐岩油气田、国内海相和陆相差异性，总结出了中国海相油气理论，最终阐明了海相油气地质和陆相油气地质的区别。

基于这样的理论和相关的油气勘探技术，在四川盆地取得重大突破，发现了普光气田，又在新疆塔里木盆地部署了当时亚洲最深的探井——塔深1井（深达8408米），尽管塔深1井没有获得工业油气流，但在8407米深的寒武系白云岩中，发现了孔隙度高达9.1%的优质储层，这坚定了地质学家们对于地下深层依然拥有优质储层的信心。

一路高歌猛进，地质工作者们先后打出了很多口深于8000米的油井，并发现了顺北

> **小贴士**
>
> 顺北油气田位于塔里木盆地中西部，具有超深、超高压、超高温等特点，油气藏平均埋藏深度超过7300米。顺北油气田已落实4个亿吨级油气区，累计贡献油气超过500万吨。

特深油田和元坝特深气田。

成绩有多辉煌，道路就有多崎岖。塔里木盆地面积 40 多万平方公里，你猜它的井眼有多大呢？

攥起你的拳头比一比，直径也就 10 厘米左右。

厉害吧，这可真像开盲盒呀，在这么小的点定位，却要打珠穆朗玛峰的高度那么深，才有可能挖出宝贝，还有可能挖不到宝贝，简直就是大海捞针。

你知道打一口井需要多少钱吗？

至少一个亿！一般情况下，打 10 口风险井能有两三口井出油就不错了。

为了寻找油气，地质工作者们要打很多口深井，太不容易了。

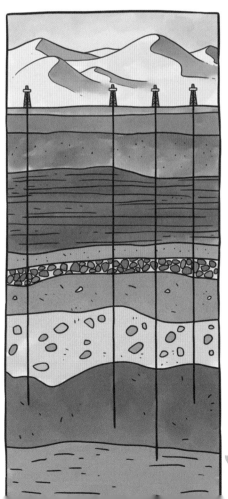

小贴士

元坝气田位于四川省广元市、南充市、巴中市境内，是世界首个平均 7000 余米超深高含硫化氢大气田，具有年产 40 亿立方米原料气、34 亿立方米净化气能力，是国家 "川气东送" 工程的重要气源地之一。

天哪,这个井眼打下去,做决定的人需要多大的勇气和决心啊。

面对重重压力和可能面临的失败,牟教授说:"海相勘探从不得不为到已有所为,从势在必为到大有可为。地质工作者要解放思想,勇于实践,大胆探索,求真务实,通过坚持不懈、锲而不舍、百折不挠的工作,才会在前人认为不会发现大油气田的地方发现大油气田,在认为已经找不到储量的地方找到新的储量。"

同学们,中国的大地上还有很多的"大盲盒"等着你们开启呢,你们准备好了吗?

塔里木盆地沙漠里的探井

该图片由中新图片提供

同学们，你们还记得吗？之前我们讲过沉积岩，它是自然界三大岩石之一，它与油气的形成、运移、储集密切相关。石灰岩、页岩、砂岩、砾岩等都属于沉积岩。这一章我们来讲讲页岩的故事。页岩的矿物颗粒很细，由薄薄的岩层组成，形状像书页一样，因此称为页岩。

页岩中含有丰富的有机质，在合适的温度和压力等作用下，经过漫长的岁月，慢慢转化为油气。其中一部分油气经过一定的路径，跑到孔隙比较大的砂岩和碳酸盐岩

是挺像的.

石灰岩

页岩

砂岩

砾岩

中聚集起来，形成油气藏。然而还有一部分油气则继续留在原地，保存在页岩中。

如果我们把油气比作可口的食物，那么砂岩和碳酸盐岩就好比提供食物的"餐厅"，而页岩就好比生产食物的"厨房"。

在页岩"厨房"中，还储存着大量的油气宝藏——这就是页岩油和页岩气。

随着石油和天然气用量的增加，开采的速度赶不上需求量的增长，这时人们便想到去源头寻找它们。就好像我们以前都在餐厅吃饭——在砂岩和碳酸盐岩中开采油气；而现在要去厨房找吃的——去页岩中寻找油气。

一直以来，我们都在"餐厅"中开采油气，这些油气被称为常规油气。而"厨房"里的页岩油和页岩气，在油气藏形成等方面与常规油气有本质区别，被称为非常规油气。

非常规油气的成藏模式和常规油气完全不同。

油气主要有自生它储模式和自生自储模式。

自生它储模式是指一种地层产生的油气，运移到其他地层储存，如页岩生成的油气运移至砂岩或碳酸盐岩地层中形成常规油气藏。

非常规油气没有运移的过程，油气在这一个岩层中生成，又在同一个岩层中储集，这就是自生自储模式。

非常规油气藏与常规油气藏相比，还有一个突出的区别，那就是非常规油气藏没有明显的圈闭，是大面积连续分布的。

搞清楚非常规油气的特征，对开采石油有帮助吗？

当然有帮助！搞清楚这些，直接关系到地质工作者们对页岩油气的勘探部署工作。

> ### 小贴士
>
> 圈闭是一种能阻止油气继续运移并能在其中聚集的场所。通常由三个部分组成，即储集层、盖层，以及阻止油气继续运移造成油气聚集的遮挡物，比如盖层本身的弯曲变形、断层等。

关于常规油气藏的勘探，人们已经积累了丰富的经验，但是这些经验用在页岩油气的勘探上未必适用。寻找页岩油气就像进入了一个新的研究领域，需要科学家们不断探索。

美国是最早进行页岩油气研究和开采的国家。十几年来，美国因为页岩油气的成功开采，成为世界第一大石油和天然气生产国，实现了能源自给自足，并在很大程度上改变了国际能源秩序和世界油气市场的供需格局。加拿大也凭借先进的技术和丰富的页岩油气资源，成功地对页岩油气进行了大规模开采。

在"出生地"寻找油气的科学征途上，中国的科学家们也不甘落后。2003 年开始，张金川、金之钧等人将美国页岩气勘探开发情况介绍到国内，中国的页岩油气革命正式拉开帷幕。

出生于 1965 年的郭旭升，是其中一位年轻的院士。在他的办公桌上，摆着一块来自 2500 米深处的深灰色泥页岩岩芯。这块来自涪陵页岩气田的岩石是郭旭升院士的"宝贝"。每当看到它，郭旭升院士就会激动不已，因为这"宝贝"的家，是一个储满页岩气的"大厨房"。

找到"大厨房"的路，并不是一帆风顺的。最开始的页岩气开发，借鉴了国外的经验，但是勘探效果并不理想，页岩气勘探一度进入低谷；但是科学家们即使经历失败，也始终没有放弃对中国页岩气储集特点的研究。

郭旭升院士

"我们这个工作,失败是居多的,所以不能纠结于失败,更不能被失败打倒;但也不能对失败无所谓,或者习以为常。勘探工作就是在前人说不行的基础上让它行,在别人没有发现的地方取得发现。"郭旭升院士这样总结勘探工作。他认为,避免失败需要认认真真地研究地下规律,研究技术,严谨地做好研判或决策,将失败概率降到最低。他对自己的团队提出了苛刻的口号——首战必胜。

没有人走过的路肯定不好走。郭旭升院士带领科研团队深入页岩气勘探现场,细致分析国内第一轮 120 多口页岩气井勘探失败的原因,开展页岩气基础地质理论的研究。"我国的地质活动剧烈,地下构造破碎,富集和保存条件较复杂。"郭旭升院士认为,在勘探过程中,必须把生成条件和后期散失条件结合考虑,而且要动态研究保存条件。

据此,郭旭升院士提出"深水陆棚优质泥页岩发育是页岩气'成烃控储'的基础,良好的保存条件是页岩气'成藏控产'的关键",并将其命名为海相页岩气"二元富集"理论。这一认识有效指导了后期勘探。

终于,2012 年 11 月,郭旭升院士和团队一起,依靠扎实的理论和技术,发现了我国首个大型页岩气田——涪陵气田,实现了我国页岩气勘探的战略突破。

小贴士

"川气东送"是我国继"西气东输"工程后又一项天然气远距离管网输送工程。该工程西起四川达州普光气田,跨越四川、重庆、湖北、江西、安徽、江苏、浙江、上海 6 省 2 直辖市,管道总长 2272 公里。

涪陵气田含气面积和储量很大，开采后的天然气通过"川气东送"管道送往长江中下游的 8 个省市，给两亿多人带来了生活的便利。

在科学家们不懈的努力下，页岩油气勘探在全国各地开花结果，四川盆地、准噶尔盆地、鄂尔多斯盆地、松辽盆地、江汉盆地、渤海湾盆地等都发现了页岩油气。

事实证明，"厨房"里的食物远比"餐厅"的食物要多得多，页岩油气的储量惊人。这样看来，人们花大力气寻找和开采它们是非常值得的。

小贴士

2019 年，我国发现了 10 亿吨级别的页岩油田——甘肃庆城油田。2021 年，我国页岩气产量 228 亿立方米，居世界第二位。

"川气东送"气源地普光天然气净化厂

该图片由中新图片提供

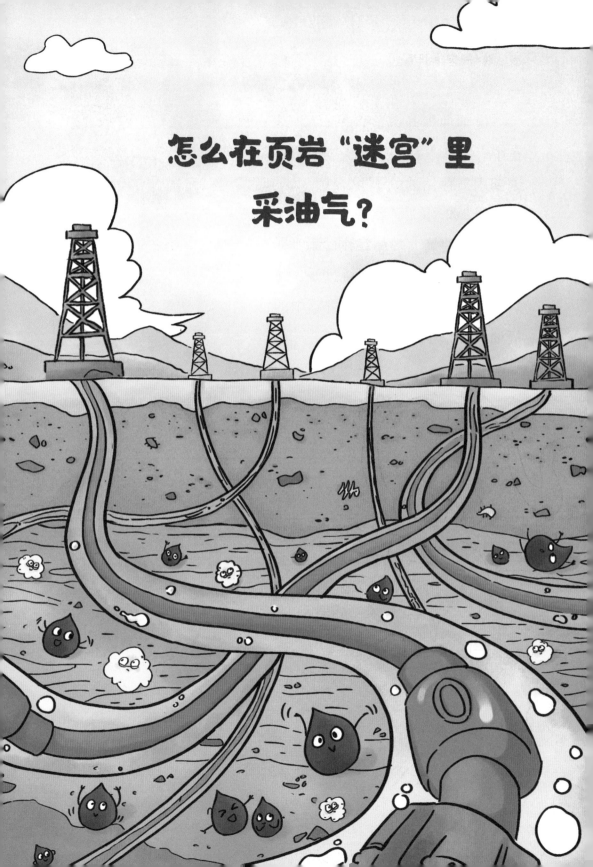

　　说到油气开采，我们不妨把岩石的孔缝想象成一座迷宫，迷宫中有许多"房间"，连接"房间"的是分布复杂的"长廊"。"房间"主要用来存储油气，而"长廊"则方便油气在迷宫中的运输。这些"房间"和"长廊"就是岩石的孔缝系统。

　　常规油气大多储存在砂岩和碳酸盐岩的"房间"中，这些岩石孔隙相对大一些。人们通过油比水轻这一原理，往砂岩和碳酸盐岩的迷宫中注水，就可以将其中的油顶出来，这就是最基础的常规油气开采手段。

而页岩作为生成油气的地层，孔隙极小，直径介于几纳米至几微米之间，比头发丝还要细。占据这些孔隙的原油分子、页岩气（甲烷）分子都特别小，直径通常小于一纳米，我们只有在电子显微镜下才能看得到。这使页岩油气的开采变得更加困难。

面对页岩里丰厚的油气资源，工程师们怎么会望而却步呢！他们想出了各种把页岩油气开采出来的好办法。

既然页岩的孔隙太小，页岩油气被卡在里面不能动弹，那我们就给它们多"修路"。工程师们通过在石头上制造无数裂缝，大大改善了油气在地下的流动环境。这些裂缝就好似岩层里的一条条高速公路，四通八达，从任何方向来的油气都可以通过裂缝到达井筒，被开采出来。这就是石油行业中著名的人工压裂法。

> **小贴士**
>
> 一微米等于千分之一毫米，一纳米等于千分之一微米。将一纳米的物体放到乒乓球上，就像把一个乒乓球放在地球上一般。

人工压裂法分为水力压裂和高能气体压裂两大类。

水力压裂是靠高压泵车将压裂液高速注入井中，借助高压把岩层撑破。压裂液加有沙子、陶粒等孔隙大的支撑剂。在岩层破裂时，支撑剂随着压裂液进入裂缝中，并永久地停留在里面，孔隙大了，油气自然就可以流动了。

高能气体压裂是把火药弹投放到井筒内油层的位置，然后点燃，火药弹利用爆炸的冲击力在岩石上撕开一道道口子，产生裂缝。同时，火药燃烧产生的高温，让黏稠的原油变得更容易流动，从而实现更好的开采效果。

依靠人工压裂法确实可以把油气开采出来，但是开采的量还是远远不够，这又是为什么呢？

常规油气藏的存储空间比较大，垂直打井，到达储集层后就可以一口气把这里的油气都开采出来。但是，页岩油气的储集层分布广泛，油

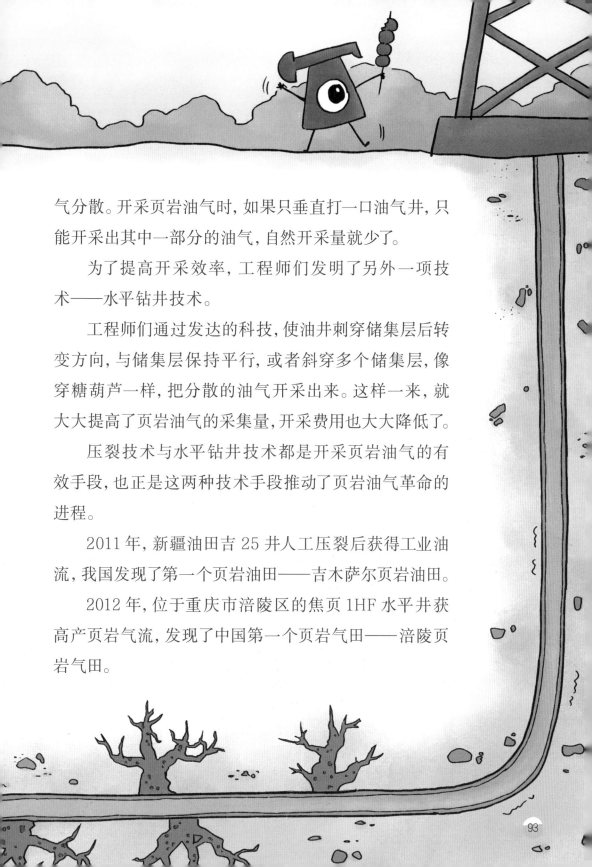

气分散。开采页岩油气时，如果只垂直打一口油气井，只能开采出其中一部分的油气，自然开采量就少了。

为了提高开采效率，工程师们发明了另外一项技术——水平钻井技术。

工程师们通过发达的科技，使油井刺穿储集层后转变方向，与储集层保持平行，或者斜穿多个储集层，像穿糖葫芦一样，把分散的油气开采出来。这样一来，就大大提高了页岩油气的采集量，开采费用也大大降低了。

压裂技术与水平钻井技术都是开采页岩油气的有效手段，也正是这两种技术手段推动了页岩油气革命的进程。

2011年，新疆油田吉25井人工压裂后获得工业油流，我国发现了第一个页岩油田——吉木萨尔页岩油田。

2012年，位于重庆市涪陵区的焦页1HF水平井获高产页岩气流，发现了中国第一个页岩气田——涪陵页岩气田。

随后，更多的页岩油田、页岩气田被发现。经过 10 余年的探索，中国成为继美国、加拿大后第三个实现页岩油气商业性开发的国家。

从页岩油气革命开始，大批中国科学家就投身于此，希望通过科学技术的革新为祖国做出贡献。

科学家们不断攻坚，不断在各技术领域取得进步。其中，"贪吃蛇"就是一项特别值得称道的新技术。

"贪吃蛇"是一种随钻测井及旋转导向钻井系统的技术，是复杂超深定向井和大位移水平井使用的必备技术。利用"贪吃蛇"技术，地面上的工程

师可以控制地下的钻头，一边旋转钻井，一边根据需要调整路线，钻头就像"贪吃蛇"一样蜿蜒穿行。这样就可以将地下的油气"吃"得干干净净。

这项技术由"全国劳动模范"尚捷带领团队经过多年攻关研发而成。尚捷小时候常听父母讲邓稼先、叶企孙等科学家的故事，树立了"科技强国"的信念。2006 年，还在清华大学读书的尚捷得知

> **小贴士**
>
> 　　定向井，是可以按照事先设计方向钻进，并达到预定目标的井。
>
> 　　大位移井，是水平位移与垂深之比等于或大于 2 的井。
>
> 　　分支井，是在一个主井眼中钻出两个以上井眼的井。

"贪吃蛇"技术一直被西方垄断。"关键技术怎么能受制于人？"他立志研发出中国人自己的"贪吃蛇"技术。

2008 年，尚捷在一个闲置已久的车库开始了"贪吃蛇"技术的研发之路。刚开始，他就面临着缺人、缺技术、缺条件、缺资源的困难，随之而来的还有各方的质疑。尚捷没有退缩，他说："搞科研就是要甘于坐冷板凳，切忌浮躁。"

经过不懈努力，2010 年，"贪吃蛇"系统的第一版样机终于问世。

这之后，尚捷马不停蹄地开展了实钻试验。他带着设备在国内的多个油田频繁奔波，试验工作只能在作业的空当进行，在别人休息时，他才能抓紧时间试验，经常是"不到下雨时不干活，不到吃饭时不干活，不到凌晨时不干活"，可他从没说过辛苦。

2011 年，新疆实钻试验成功；2014 年，海上试作业成功。这

项技术打破了西方国家的技术垄断,使我国成为世界上第二个拥有"贪吃蛇"技术的国家。

　　当然,这一切成就远不是终点。中国科学院朱日祥院士带领他的团队在这个领域开展了多年的基础理论与关键技术研发,取得了令人瞩目的成果,部分成果达到世界领先水平。

　　今天,一批又一批的科学家们仍在继续攻关,希望能研发出自动化和智能化水平更高的钻机设备,为中国的石油工程事业贡献自己的力量。

"全国劳动模范"尚捷

页岩，看名字就知道，它有许多像书页一样薄薄的层，更重要的是，它通常是深色的、油乎乎的，可以采出石油。

这样的石头对地质学家们来说，无疑充满了诱惑。他们看页岩就像我们看到层层分明、酥软油润的千层饼：外面的薄层酥酥脆脆，里面的薄层软软糯糯……太诱人了。

在我国大庆油田、长庆油田等地，页岩就长这般模样。

页岩为什么会变成一层一层的"千层饼"呢？

想知道原因，得从地球的公转说起。

"太阳大，地球小，地球绕着太阳跑。"地球绕着太阳跑，被称为地球的公转。

　　地球绕着太阳跑一圈的时间是一年,年复一年地跑下去就形成了气候周期规律。以我们生活的北半球为例,夏天的时候,接收到的太阳光照强,地表温度高,降雨丰沛,江河湖海里沉积的泥沙和有机质就多;冬天的时候,接收到的太阳光照减少,地表温度降低,降雨也变少了,江河湖海里沉积的泥沙和有机质就少。夏天和冬天沉积的物质不一样,夏天形成的沉积物富含有机质,颜色更深一些;而冬天形成的沉积物含有机质少,颜色更浅一些,于是就形成了一层又一层颜色深深浅浅的岩层。

页岩层有的厚,有的薄,这又是为什么呢?

　　这还是与地球公转有关系。

　　地球绕着太阳跑的跑道是椭圆形的。这个椭圆也不是固定不变的，有时椭圆跑道更瘦长，有时椭圆跑道倾向于圆形。更奇妙的是，天文学家发现，这个椭圆跑道的变化是有规律的，基本上以 10 万年为一个变化周期。

　　例如，10 万年前地球的公转跑道偏圆形，经过 5 万年，跑道慢慢地变瘦长了，再过 5 万年，地球的公转跑道又恢复到原来偏圆的状态。这一个轮回就是 10 万年。

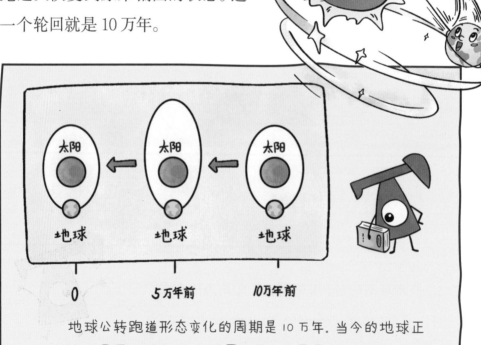

地球公转跑道形态变化的周期是 10 万年。当今的地球正处在跑道最圆的时期，也就是属于季节差异最小的时期。

当地球公转的椭圆形跑道偏瘦长的时候，冬季更寒冷而夏季更炎热，一年中的季节性差异变大。例如在恐龙生活的白垩纪或数亿年前的三叠纪，南北极都没有冰川发育。同时低纬度地区的季风活动增强，气候变得湿润，雨水变多，大自然生机勃勃，植被茂盛，动物们表现活跃，水里的细菌、藻类自由生长。我们管这个时期叫湿润气候期。此时江河湖海里的泥沙和有机质大大增多，沉积物更厚、颜色更黑。这种情况下形成的页岩我们通常叫作黑色页岩，它是最有利于石油生成的。

小贴士

白垩纪是地球上典型的温室气候时代，地质和生物历史上的许多重大事件就在此间发生。中国东北地区的松辽盆地是白垩纪期间形成的大型盆地，也是中国最大的石油工业基地——大庆油田所在地。

三叠纪也是地球上典型的温室气候时代。中国的鄂尔多斯盆地(陕甘宁盆地)在这一时期形成了很好的生油气页岩，是我国重要的石油工业基地，也是延长石油、长庆油田所在地。

地球公转的跑道倾向圆形的时候，冬天不那么冷，夏天也不那么热，一年中的季节性差异变小了。夏季，地球表面的气温降低。在遥远的南北极，冰川大规模发育，地球的高纬度地区进入冰河世纪（例如第四纪冰期）。同时低纬度地区的季风活动减弱，气候变得干旱，降水减少，大自然比较萧条，我们管这个时期叫干旱气候期。此时，江河湖海里的泥沙和有机质大大减少，沉积物更薄、颜色更浅，这种情况下形成的页岩通常是灰色的。

由此可见，在公转过程中，地球接收的日照量总量的变化，导致气候存在湿润气候期和干旱气候期的波动。不同的气候期沉积的物质有差异，而且界线清晰、颜色分明。

页岩的形成规律与气候变化周期有着密切的关系，科学家们掌握了气候变化周期，就更容易找到富集石油资源的页岩了。

小贴士

在地球仪上，我们可以看见一条一条的细线，有横的，也有竖的，横的就是纬线。仔细观察，纬线上是标有度数的，这就是纬度。纬度是地球上重力方向的铅垂线与赤道平面的夹角，数值在 0°—90°之间。赤道的纬度是 0°，南北两极的纬度是 90°；0°—30°为低纬度，30°—60°为中纬度，60°—90°为高纬度。

可是，气候变化周期是个很复杂的问题，影响气候变化的因素太多了，在众多不确定性之中找到地球几十亿年间的气候变化规律，并不是一件容易的事情。近几十年来，中国科学家怀着极大的耐心，抽丝剥茧地研究，终于取得了重大飞跃。其中，从青丝到白头，孜孜不倦地致力于海洋地质研究和古气候研究的汪品先院士做出了突出贡献。

汪品先院士针对我国南海的沉积物，开展了气候变化周期的深入研究，提出了富有中国特色的气候变化周期理论。1999 年，63 岁的汪品先院士在中国南海成功主持了第一次深海科学钻探，实现了中国海域大洋钻探零的突破，使我国深海钻探研究跻身于世界前列。那时，他就已经是钻探船上最年长的人了。到了 82 岁高龄，汪品先院士仍然坐着深潜器，九天内连续三次下潜到 1400 多米的深水海底，亲自探寻南海深部的地质奥秘。从全球季风变化，到南海盆地演化，他带领各领域的科学家通力合作，取得了超越预期的重大成绩，在南海深部重大科学问题上，提出了挑战地球科学传统认知的新观点。

在汪品先院士的影响下，越来越多年轻的石油地质学家积极地将先进的气候周期理论应用于石油勘探。目前，在北京大学、中国地质大学、中国科学院等著名的学府和科研单位中，石油地质学家经常和天文学家、气候学家坐在一起，从气候周期到页岩沉积规律，不断探讨。例如，他们发现在白垩纪或三叠纪湿润气候期，页岩中埋藏的有机质更加丰富，颜色乌黑，这样的页岩蕴藏的石油就会多，石油地质学家可以到这里去找石油。

看来，想要探索"能源之王"的奥秘还需要天文知识和气候知识呢！

曾在 82 岁高龄深潜南海的汪品先院士

这几年，有一个新词频繁出现在我们的社会生活中，那就是"碳中和"。究竟什么是"碳中和"呢？

简单来说，"碳中和"是指通过植树造林、节能减排等形式，抵消掉燃烧石油、天然气、煤等产生的二氧化碳，达到相对"零排放"。这是绿色发展的必由之路，也是我们保护地球家园的必经之路。

随着"碳中和"时代的到来，寻求可持续发展的清洁能源变得越来越重要。于是，氢气受到了科学家们的关注和青睐。

氢气热量大，相同体积的氢气和甲烷完全燃烧时，氢气释放的热量是甲烷的2.56倍。氢气燃烧后产生的物质是水，对环境没污染。拥有这么多优点，能用氢气来替代传统的天然气，岂不美哉！

氢气在物理和化学变化过程中释放的能量就是氢能。氢能有广泛的用途，它可以用作汽车燃料，用于船舶和航天器推进、氢气发电厂和医疗工业等。据国外能源公司预测，到2050年，人们对氢的需求将增加5倍。2022年3月，我们国家专门制定了氢能产业中长期发展规划。

小贴士

甲烷是最简单的有机物，也是含碳量最小、含氢量最大的烃。甲烷在自然界的分布很广，是天然气、沼气等的主要成分，俗称瓦斯。

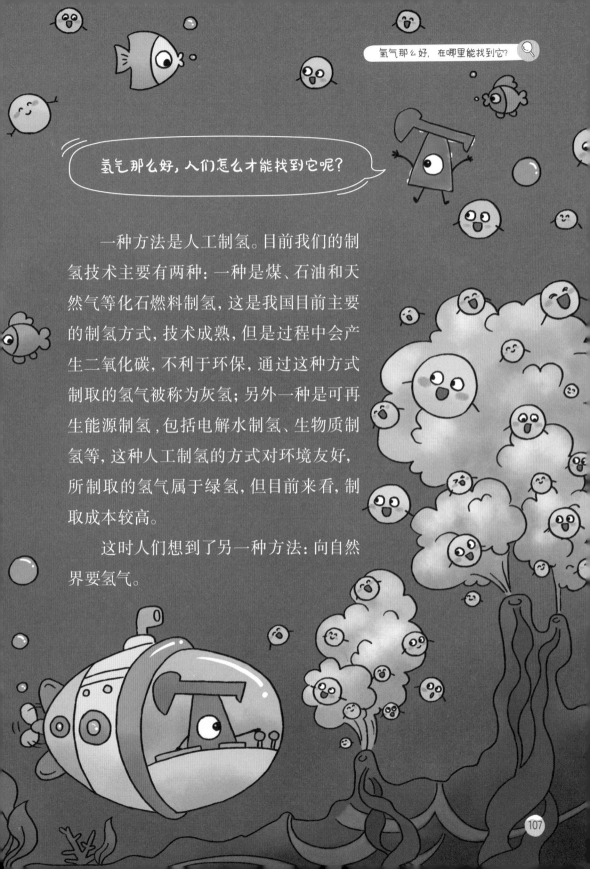

氢气那么好，人们怎么才能找到它呢？

　　一种方法是人工制氢。目前我们的制氢技术主要有两种：一种是煤、石油和天然气等化石燃料制氢，这是我国目前主要的制氢方式，技术成熟，但是过程中会产生二氧化碳，不利于环保，通过这种方式制取的氢气被称为灰氢；另外一种是可再生能源制氢，包括电解水制氢、生物质制氢等，这种人工制氢的方式对环境友好，所制取的氢气属于绿氢，但目前来看，制取成本较高。

　　这时人们想到了另一种方法：向自然界要氢气。

那么自然界中有氢气吗?

1997 年,法国海洋开发研究所的海底机器人在对大西洋海脊的"黑烟囱"进行勘探时,意外发现了氢气。

虽然天然氢气的发现比较晚,科学家对它的研究时间还比较短,但对于天然氢气生成的原因,科学界已经有了一些初步的分析。比如,橄榄石是自然界存在的最古老的宝石之一,也是历史上最重要的绿色宝石,通常在地球深部的上地幔结晶而成,在一定条件下,橄榄石和水会相互反应,在反应过程中就会释放出氢气;再比如,存在放射性矿物质的地方,在一定条件下,放射性矿物质会把水中的氢气分解出来;此外,高温玄武岩、黑云母花岗岩等受到流体的侵蚀发生变化时也都可以产生氢气。

游离的氢聚集并保存，就会形成天然氢气藏。但是氢气很轻，是最轻的气体，分子半径也很小，很容易逃跑，因此，人们一直认为氢气不可能聚集成藏。那氢气到底能不能聚集成藏呢？我们先来了解一下氢气存在的方式。

天然氢气像一个调皮的机灵鬼，目前发现它在自然界中至少以三种方式存在。

首先是游离的状态，就是可以自由自在运动的氢气，这也是氢气最常见的形式。你听说过"永恒的火焰"吗？土耳其的安塔利亚有一团一直燃烧的火焰，正是由地下喷出的甲烷和氢气形成的。此外，在非洲马里、澳大利亚北帕斯盆地、美国北卡罗来纳州、巴西圣弗朗西斯盆地、俄罗斯中部等地都发现了圆形和椭圆形洼地，人们称之为"仙女圈"，它们正是天然氢气逃逸到地表所形成的特殊地貌。

小贴士

同学们，你们听说过大西洋上的"百慕大魔鬼三角"吗？这里发生了很多起船只、飞机神秘失踪的事件。科学家研究推测，这是由于海底产生的氢气和甲烷不断累积，最后产生巨大的气泡，吞没了轮船和飞机。当然这样的推测还需要人们进一步去验证。

第二种形式是氢以包裹体或吸附的形式被困在各种类型的岩石中，通俗来讲，就是有岩石把它们困住，使得它们不能自由自在地移动。

氢的第三种存在方式是溶解在地下水中。研究人员已经观测到大量的天然氢气溶解于地下水中的实例。

科研人员对于氢气的成藏机理还没有研究清楚，他们初步推测可能是表面的粗玄岩和含水层起到了封盖的作用，阻止了氢气的扩散，但是这还需要进一步的探索。

近些年来，德国、法国、美国等一些国家的科研机构展开了对天然氢气的研究。美国、西班牙、法国、澳大利亚、巴西等国家已经陆续成立了专门从事氢气勘探开发的能源公司，准备在这一领域斩获硕果。

小贴士

1987 年，人们在马里巴马科盆地北部打井找地下水的时候，有人在井上方抽烟，引发了一场大火，这口井因此被关闭。2012 年，加拿大的一家氢气公司重新对这口井进行了勘探，发现这是浓度为 98% 的纯氢气井，他们还在附近发现了多个天然氢气聚集点。这足以证明自然界确实有氢气田的存在。

在科学前沿的探索上，我国科学家从来不甘居于人后。早在 1999 年，金之钧带领的团队就开始了对天然氢气相关问题的探究。他们在第一期"973"项目中设计加氢实验，研究氢气对石油和天然气生成的影响。2000 年，他们开始探索沉积盆地中氢气的成因，并对来自地幔的流体进行划分，将含氢气多的流体叫作含氢流体，含二氧化碳多的叫作二氧化碳流体。2005 年，团队通过自主研发设备，对氢气进行了"身份识别"，比如来自地壳和地幔的氢气，它们的同位素组成是不同的。因此，通过同位素组成的分析，我们就可

以搞清楚氢气的来源了。2014 年，团队研究了来自地幔的氢气在中国东部的分布。这些研究有助于我们了解国内天然氢气的分布和成因，为下一步勘探开发氢气藏打下基础。

在自然界发现更多的氢气藏、为人类提供清洁氢能源的任务就交给你们啦！同学们，欢迎你们长大后加入发现氢气的科研队伍！

有一种极其稀缺、不可替代的气体资源，常常与天然气伴生。当今世界，科技的飞速发展与这种气体资源有着千丝万缕的联系，你能猜到是什么吗？

这种极其稀缺的资源就是氦气！

氦气在常温下是一种无色、无味、不溶于水的气体。它的沸点极低，仅为 -268.93℃。并且，随着温度的降低，氦气不会从液态转变为固态，是唯一不能变成固体的气体。

氦气的化学性质非常不活泼，属于"惰性气体"，不与其他任何物质发生反应，当然也包括自然界的助燃气体——氧气。如果说氧气属于"暴脾气先生"，那么氦气就是最沉得住气的"淡定先生"，是名副其实的"高冷元素"。

小贴士

通常情况下，水的沸点是100℃，到达这个温度时水就会变为气体；对氦气来说，当它的温度高于 -268.93℃，就已经是气态了。-268.93℃，这个沸点的确非常低。

由于自身独特的物理化学性质，氦气被广泛应用于各种高新技术产业，核磁共振、粒子加速器、磁悬浮列车、芯片制造、核反应堆、火箭、宇宙飞船……这些听起来非常"高精尖"的领域，都离不开氦气资源的利用。

比如，氦气具有强扩散性，可用于检验真空系统和其他气密装置是否漏气，涉及航空航天、半导体、核能、汽车等领域；氦气因为自身的化学惰性，也常用作冶炼与焊接时的保护气、火箭液体燃料的押送剂和增压剂、霓虹灯管的填充气体……

氦气对一个国家的科技发展如此重要，氦气资源在地球上却非常稀少，拥有"黄金气"的美名。

根据 2017 年美国地质调查局公布的数据，我国氦气资源量为 11 亿立方米，仅占全球氦气资源量的 2%。我们目前使用的氦气是从

天然气中分离出来的。在我国，天然气中氦气的含量通常很低，绝大多数天然气藏中氦气的含量低于 0.1%。

怎么从天然气中分离出氦气呢？

以常见的水为例，通常情况下，当温度升到 100℃时，水从液态变成气态（水蒸气）；当温度降低到 0℃以下，水从液态变成固态（冰）。同样的原理，随着温度的不断降低，天然气中的绝大多数成分从气态变成液态，唯独"懒惰"的氦气状态不变，还是气态。于是氦气从天然气中分离出来，再通过进一步的提纯工艺，我们就可以对氦气加以利用了。

不过，并不是天然气中所有的氦气资源都能被提取出来。在目前的工艺条件下，只有天然气中氦气浓度超过 0.05% 才能有效分离。

除了从天然气中提取，氦气不能从其他载体中进行提取吗？

其实，氦气在地下水中是广泛存在的。含有氦气的地下水可以通过地下通道运移至地表，形成泉水。当暴露在空气中时，氦气会从泉水中释放出来。

既然这样，为什么我们不能从地下水中提取氦气呢？

这是因为，氦气在地下水中的溶解度非常低，提取到的氦气量非常少，很难产生规模的经济效益。而且，剩余的地下水里含有很多有害物质，会对环境造成极大污染。

科学家也可以通过利用重核裂变造出氦气，但是这种方法十分危险，一不小心就会引发爆炸。

如此看来，从天然气中提取氦气资源恐怕是我们目前最可行、最安全的方式了。

量少、难开采，氦气几乎算得上一种不可再生资源了。

　　我国对氦气的需求量之大，位列全球前列。近些年来，我国每年需要消耗大约4000吨氦气（2000多万立方米）。随着高新技术产业的飞速发展，我国对氦气的需求量年均增长约10%。

　　目前，我国仅有威远气田在进行氦气开采的工作。威远气田是在1964年被发现的，经过50多年的开采，面临资源枯竭的难题，年产量仅维持在3万—7万立方米的水平，远不能满足我们对氦气资源的需求。我国氦气主要从美国、卡塔尔、澳大利亚等国家进口，对外依存度甚至超过95%，这严重威胁着国家氦气资源安全。

　　面对氦气稀缺这一严重"卡脖子"的问题，我国的地质工作者们加大了地质勘探的力度，对高品位氦气资源如何形成气藏的条件进行了深入研究，终于取得了初步成果。

　　这里，应该提到一位研究气体地球化学的专家——徐永昌教授。徐永昌1932年5月生于重庆，从北京地质学院（现在的中国地质大学）毕业之后，前往苏联学习。回国后，他来到了中国科学院兰州地质研究所，扎根西部，一干就是一辈子。

徐永昌教授最喜欢干的事情，就是研究气体，为我国天然气，特别是油气区稀有气体的研究做出了巨大贡献。

为了研究我国主要油区的氦气分布，徐永昌教授和同事们采集了 19 个重要油气盆地的天然气样品 334 个，从东到西，再从南到北，包括了松辽、鄂尔多斯、塔里木等盆地。通过认真研究，科学总结出油气盆地中氦气的地球化学特征。他的基础研究有效推动了后期氦气的发现。

2015 年，陕西渭河盆地发现富氦天然气资源。2019 年，我国发现了两个特大型富氦天然气田，氦气储量大于 1 亿立方米，平均氦气含量超过 0.1%，这就是鄂尔多斯盆地东胜气田和塔里木盆地和田河气田。2019 年，众多院士集聚到西安，开展"渭河盆地科学钻探计划"研讨会，其中的重要议题就是：氦气成藏条件与资源前景。

徐永昌教授

与此同时，科学家们继续在氦气提取方面下功夫。既然富含氦气的天然气田少之又少，那就不如迎难而上，解决技术难题，从含氦气量低的天然气中提取氦气，防止资源浪费。要知道，虽然氦气在天然气中的含量极低，但如果任它随着天然气燃烧而自然消耗，也是很可惜的。

近年来，国内氦气研究、调查工作迅速展开，多项国家氦气研究项目启动，相信我国的科研工作者通过不懈的探索和研究，终会在寻找"黄金气"的道路上不断取得丰硕的成果。

东胜气田成为鄂尔多斯盆地发现的另一处"千亿立方米大气田"

该图片由中新图片提供

石油和天然气
会枯竭吗?

石油和天然气作为当今的"能源之王",还能供人类使用多少年呢?

这个问题很早就引起了人们的注意和担忧,也一度成为石油业界热议的焦点。

自20世纪70年代初期第一次石油危机以来,"石油枯竭论"不绝于耳。然而,美国页岩革命成功,使得油气资源成数倍增长,随着勘探和开采技术的进步,油气储量会进一步增加。

根据英国石油公司发布的《2019年世界能源统计评审》报告显示,地球上已经发现的油气储量,按当前全球油气消耗率测算,大约可以再使用50年。

而根据科学家的预测,全球经过进一步勘探可以发现的油气资源,至少还可以供人类使用50年。

也就是说,把油气储量和未来预计还能开采到的数量相加,油气资源还够人类使用约100年。

那么,我们国家一年会用掉多少油气呢?

来看看2021年,公路上奔驰的小汽车、空中飞行的飞机、工厂里运转的机器、化工厂里的原材料等,所有这些

小贴士

我们前面学过,页岩是油气生成的地方,研究、开发页岩油气,相当于一个人不满足于在"餐厅"吃饭,而是直接闯进"厨房"去找吃的。页岩油气被认为是非常规油气。美国页岩革命,就是美国页岩气、页岩油产业井喷式发展引起的革命性变化,它使美国成为世界第一大石油天然气生产国,实现了能源自给,并改变了世界能源格局。

加起来，我国消耗的石油就达到 6.8 亿吨，消耗的天然气达到 3690
亿立方米！

日复一日，年复一年，我们消耗的油气资源之多可见一斑。

如果我们一直不停地使用石油和天然气，它们是会枯竭的。

如果油气资源消耗一空，我们可怎么办呢？

不用过度担心，办法总比困难多。

早在 20 世纪 80 年代末，中国东部老油区由于多年开采，油田
产量出现下降趋势，勘探发现少。当时担任我国石油工业部部长的
王涛提出了"稳定东部，发展西部"的总方针。王涛部长根据对中国
油气资源分布的研究，判断出中国西部的第一大内陆盆地——塔里
木盆地有着丰富的油气资源。

1989 年，我国成立了塔里木勘探开发指挥部，王涛部长亲自在
前线指挥，带领石油大军挺近塔克拉玛干大沙漠。几十年间，塔里
木盆地留下了勘探队员们深深浅浅的足迹，为了给祖国寻找油气资
源，他们在塔里木的荒漠戈壁中挥洒汗水，奉献青春与生命。

目前，塔里木盆地油气资源量为259亿吨，其中石油118亿吨、天然气17万亿立方米。累计探明石油29.21亿吨、天然气2.5万亿立方米。2021年生产石油1308万吨、天然气341.5亿立方米，成为我国重要的油气资源接替地区。

随着科学技术的进步，越来越多的非常规油气被发现——

2010年以来，我国先后在准噶尔盆地、四川盆地、鄂尔多斯盆地、渤海湾盆地、苏北盆地、松辽盆地、柴达木盆地，不断取得页岩油、页岩气的突破。根据初步估计，我国约有13万亿立方米页岩气、184亿吨页岩油资源等待着被开发利用。

王涛部长

小贴士

王涛，1931年出生，1952年刚进入长春地质学院，就被选派去苏联学习，历时8年获副博士学位并回国工作，曾任大港油田、辽河油田总地质师，为渤海湾盆地油气发现做出重要贡献，1985年获国家科技进步奖特等奖。他提出了中国石油工业发展的三大战略，其中包括"稳定东部，发展西部"的总方针，决策和组织了以塔里木为重点的西部石油会战。20世纪90年代，他提出进军海外的重大战略决策，保证了石油工业持续发展。1994年和1997年，他连续两届当选为国际性组织——世界石油大会副主席。1997年，他被俄罗斯古勃金石油科技大学及全俄石油地质勘探研究院授予荣誉博士称号。

实际上，传统的常规油气仍然潜力很大，仅仅 2021 年一年时间里，中国就新发现了很多油气田呢。

石油资讯 2021 年

1 月 25 日，在我国南海海域，广东惠州 26-6 油气井获得重大突破，在地下 4000 多米处，新发现的油气量多达 5000 万立方米。

2 月 22 日，在我国渤海发现大型油气田——渤中 13-2 油气田，地下储存的石油有上亿吨。

2 月 28 日，山西临兴发现埋藏丰富的天然气，初步估计可以达到 1010 亿立方米。

6 月 18 日，在我国塔克拉玛干沙漠发现超大型油气田——富满油田，地下超过 8000 米深的位置，储藏的石油竟多达 10 亿吨。

……

这些新发现有效保障了我国油气产量的大国地位，2021 年我国石油产量 1.9888 亿吨，全球排名第五位。天然气产量 2076 亿立方米，全球排名第四位。

小贴士

2012 年，我国开采页岩气量只有 1 亿立方米，页岩油产量为零。到了 2021 年，页岩气开采量就达到了 230 亿立方米。预计到 2030 年，我国页岩气产量将达到 350 亿—500 亿立方米。2021 年页岩油产量 272 万吨，预计到 2030 年 500 万—800 万吨，这是多么了不起的进步呀！

近几年来，许多新型油气的发现也成为人们缓解油气资源压力的希望所在。

比如有一种天然气，看似与我们烧水做饭的燃气一模一样，但是它们的出生地却大不相同。这种天然气来自地球几万米深处炽热的岩浆，形成后会顺着地下的裂缝一点儿一点儿向上爬，找到合适的"家"后便聚集起来，形成天然气藏，我们通常把它们叫作无机气。

"欧佩克"的主要创始人谢赫·艾哈迈德·扎希·亚马尼曾经说过这样一句话："石器时代结束了，不是因为缺少石头；石油时代就要结束了，但不是因为缺乏石油。"随着社会的进步，人类逐渐把目光聚焦到清洁能源上。

小贴士

"欧佩克"是石油输出国组织的简称。这个国际组织成立于 1960 年，总部位于奥地利的首都维也纳。"欧佩克"组织目前一共有 13 个成员国，它们是：阿尔及利亚、安哥拉、刚果、赤道几内亚、加蓬、伊朗、伊拉克、科威特、利比亚、尼日利亚、沙特阿拉伯、阿拉伯联合酋长国、委内瑞拉。

例如，家里的热水器不用通电，就可以流出热水，这是太阳能的功劳；度假村里的天然温泉，不用加热就能保持四季常温，这是地热能的功劳；矗立在郊野的一排排的巨型"风车"，被风吹动起来就可以发电，这是风能的功劳；三峡的水从高处奔涌而下，经过大坝就能产生电力，这是水能的功劳……可再生资源利用的例子，在我们的生活中数不胜数。

小贴士

在自然资源领域里，可再生资源如太阳能、风能、电能等，它们的优点是在自然条件下，短时间内就可以再生或循环使用；缺点是想要高效利用它们，人类面临的技术难度比较大。不可再生资源如煤炭、石油、天然气等，它们是现代社会能源领域的主力军，人们烧水做饭、乘坐交通工具，都离不开它们；但是由于生成这些能源的过程极为缓慢，人们用一点儿，就少一点儿。

可以预计，2025 年前后，人类使用石油的数量将达到峰值；2040—2050 年期间，人类使用天然气的数量将达到峰值。之后，石油和天然气将逐渐以为人类提供原材料为主，在能源的大舞台上它们将慢慢谢幕，让位于太阳能、风能等清洁能源新成员。

同学们，除了学好本领，将来能为探索新的能源贡献力量之外，现在的你们也可以从点滴小事做起，身体力行地节约能源。

如果你留心观察，生活中许多小小的改变都会对节约油气有所帮助：比如用步行、骑自行车或者乘坐公共交通工具，代替乘坐私家车出行；比如做饭炒菜、洗澡的时候节约燃气；再比如减少一次性塑料用品的使用等。

快快行动起来吧！

　　"井喷了！井喷了！"大量的油气夹带着泥沙从井中汹涌喷出，高度达到 30 米左右。如果不赶紧制服井喷，巨大的钻井设备全部要陷入地下，毁于一旦。

　　"快，上水泥！上水泥！"在这千钧一发之际，王进喜果断采取措施，让工人们把水泥倒入泥浆池。

　　井喷是怎么回事，为什么要上水泥呢？

　　原来，井喷是由于井筒内泥浆柱的压力低于地层中流体（液体和气体的总称）的压力所造成的。这时，地层中的大量流体侵入井筒，并上蹿喷出。发生井喷时，要把一种粉末——重晶石粉调成泥浆，灌入井内。因为含有重晶石粉的泥浆密度较高，会使井内压力大于地层中流体的压力，所以能够压制住井喷。

但是现场没有重晶石粉，王进喜急中生智，让大家把一袋袋水泥倒进泥浆池中，代替重晶石粉。

这一幕发生在 1960 年 5 月的一天，地点是大庆油田。当时天还很冷。大量的水泥粉或浮在冰面上，或大团沉至水底。"扑通"，在这万分紧急的时刻，王进喜不顾刚被砸伤的腿和寒冷的天气，跳入泥浆池中，用身体搅拌起来。在他的带领下，大家纷纷跳进冰冷的泥浆池中……经过三个多小时的苦战，泥浆灌进井筒，井喷终于被压制住了，一场巨大的灾难被避免了。

"人无精神则不立，国无精神则不强。"在中华人民共和国建设和发展的道路上，中国人民形成了许多伟大的精神，石油精神是其中重要的组成部分，而石油精神的杰出代表人物就是王进喜。

王进喜是中华人民共和国第一批石油工人。1959 年，在甘肃玉门油田，他曾创下年钻井 7.1 万米的全国最新纪录。

这一年，王进喜被评为"全国劳动模范"，参加了中华人民共和国成立 10 周年的国庆观礼。在北京街头，他看见因缺油而背着煤气包

王进喜

行驶的汽车，心像被锥子扎一样痛。他说："北京汽车上的煤气包，把我压醒了，真真切切地感到国家的压力、民族的压力，呼地落到了自己肩上。"王进喜因此立下了"宁可少活二十年，也要拿下大油田"的雄心壮志。

我国石油战线传来喜讯，1959 年，松基三井出油，发现大庆油田。1960 年春，王进喜率领 1205 钻井队从西北赶到东北。一到大庆，他先问了三句话："钻机到了没有？井位在哪里？这里的钻油纪录是多少？"那急迫的心情，恨不得一拳头砸出一口井来。

钻机到了，吊车、拖拉机不够用，他就带领工人们人拉肩扛卸钻机。钻井需要大量的水，当时水罐车很少，他就带领工人们到附近的水泡子破冰端水，用脸盆一天一夜端了 50 多吨水，争取了时间提前开钻。他和工人们凭借顽强的意志和冲天的干劲，仅用 5 天零 4 小时就打成了他来大庆的第一口出油井。

第一口井完钻后，王进喜在指挥放井架时被钻杆砸伤了脚，疼得昏过去。醒来一看几个工人围着抢救，井架还没放下来，他说："我又不是泥捏的，哪能碰一下就散了！"说完站起来继续指挥作业。

不久之后，工人们在钻第二口井时遭遇了井喷，于是出现了前

文奋勇抢险的那一幕……

王进喜既是吃苦耐劳的实干家，也是科学求实的典范。他在工作中善于动脑，敢于创造。为提高钻井速度，他和工人改革游动滑车；为打好高压易喷井，他带领工人研究改进泥浆泵；为提高钻井质量，他和科技人员一起研制成功控制井斜的"小钻头大钻具""填满式"钻井法。

之前钻井队每打完一口井，都得把 40 米高的钻机拆散，搬到下一个井位。一部钻机连拆带运，最快也要六七天才能完工。为了缩短打井周期，多抢进度，王进喜大胆创新，精心组织，带领全队工人打破钻机搬家需拆卸、搬运、安装的常规模式，在 12 台拖拉机

小贴士

铁人精神内涵丰富，主要包括："为国分忧、为民族争气"的爱国主义精神；"宁可少活二十年，拼命也要拿下大油田"的忘我拼搏精神；"有条件要上，没有条件创造条件也要上"的艰苦奋斗精神；"干工作要经得起子孙万代检查""为革命练一身硬功夫、真本事"的科学求实精神；"甘愿为党和人民当一辈子老黄牛"，埋头苦干的奉献精神等。铁人精神无论在过去、现在和将来都有着不朽的价值和永恒的生命力。

的牵引下，不到一小时就将钻机整体、安全、平稳地搬至下一井位，创造了省时高效的钻机搬家新工艺。由王进喜首创的钻机整搬迁法，一直被全国钻井队伍使用到20世纪90年代末。

1970年，王进喜患病去世，年仅47岁。组织上提出铁人精神，号召全体石油人向他学习。在铁人精神的激励下，涌现出了更多铁人——"新时期铁人"王启民、"第三代铁人"李新民、"海上铁人"郝振山等。

油田开发初期，"大门"找到了，怎么找到"钥匙"打开它？王启民就在"找钥匙"的这条路上攻克了一道道技术难关。20世纪60年代，为了探索石油高效开采技术，王启民在野外实验区一待就是10多年，他提出的"高效注水开采"方法，打破了当时国内外普遍采用的"温和注水"开采方式。70年代，他主持进行的"分层开采、接替稳产"开发试验,使从地下采出石油的效率提高了10%至15%。90年代,他组织实施的"大庆油田高含水期稳油控水系统工程"结构调整技术,极大控制了大庆油田的含水比例。2022年,85岁的王启民仍在传道授业,定期与在科研上遇到困惑、需要帮助的科技工作者分享心得,共同探讨进一步提高采收率的技术难题,被誉为"新时期铁人"。

1990年,刚到1205钻井队参加工作的李新民身上就有了"铁人"的影子。随着大庆油田钻井难度加大,李新民带领钻井队不断突破水淹层钻井的禁区,创出打丛式井的高水平,打出许多"复杂井""疑难井"。2006年他带队出征海外,第一站是饱经战乱的苏丹。即使缺乏地质资料,李新民仍然和队员们细致规划,梳理出20多条操作要领,最终提前11天完成钻井。在海外工作的十几年里,李新民带领钻井队刷新当地42项新纪录,被誉为"第三代铁人"。

改革开放初期,中国的海上石油

王启民

李新民

郝振山

开采刚刚起步，"南海六号"是当时国内引进的最先进的半潜式钻井平台，对于技术要求高。司钻是钻井平台上的重要工种之一，一直由外方人员担任。郝振山在心里问自己："为什么外国人能干的事情，中国人就不能干？"仅3个月，他便掌握了1600多个专业英文单词，逐步熟悉了大大小小300多台设备和工具，凭借真功夫成为中国半潜式钻井平台上，顶替外方司钻的第一人。2010年，我国建成"海上大庆油田"，郝振山当选"全国劳动模范"，"海上铁人"的称号广为传扬。2017年，郝振山推动"南海八号"钻井平台建设，为我国成为全球第四个具备极地钻探能力的国家做出了贡献。

一代又一代，铁人精神的火种被传承，被发扬，凝聚成为新时期干事创业的精神力量——石油精神。

石油精神跨越了时空、历久弥新，是推动新时代中国石油事业发展、战胜一切风险挑战的宝贵财富，也是每一个中国人都应该铭记的伟大精神。